Wissenschaftliche Taschenbücher WTB

Mathematik · Physik

F. R. Keßler

Einführung in die physikalischen Grundlagen der Kernenergiegewinnung

Akademie-Verlag · Berlin
Pergamon Press · Oxford
Vieweg & Sohn · Braunschweig

WTB Wissenschaftliche Taschenbücher

ROLF BORSDORF / MANFRED SCHOLZ
Spektroskopische Methoden in der organischen Chemie

WERNER HABERDITZL
Magnetochemie

GERHARD HEBER
Mathematische Hilfsmittel der Physik, Teil I und II

A. A. SOKOLOW
Elementarteilchen

HERBERT GOERING
Elementare Methoden zur Lösung von Differentialgleichungsproblemen

HEINZ AHRENS
Varianzanalyse

HANS-JÜRGEN TREDER
Relativität und Kosmos. Raum und Zeit in Physik, Astronomie und Kosmologie

ALBERT EINSTEIN
Grundzüge der Relativitätstheorie

ALBERT EINSTEIN
Über spezielle und allgemeine Relativitätstheorie

GÜNTHER LUDWIG
Wellenmechanik. Einführung und Originaltexte

HARRY PAUL
Lasertheorie, Teil I und II

FRANZ KESSLER
Einführung in die physikalischen Grundlagen der Kernenergiegewinnung

Vorschau auf die nächsten Bände:

STEPHEN G. BRUSH
Kinetische Theorie, Teil I und II

D. TER HAAR
Quantentheorie

J. H. SANDERS
Die Lichtgeschwindigkeit

EBERHARD TEUSCHER
Pharmakognosie, Teil I und II

EBERHARD HOFMANN
Eiweiße und Nucleinsäuren als biologische Makromoleküle. Dynamische Biochemie, Teil I

Berichtigungszettel

Seite 67 letzte Zeile: J. ist zu streichen

Seite 89 letzte Zeile: statt . lies :

Seite 89: Die Formel in der Mitte gehört ans Ende der Seite

Seite 114 13. Zeile von unten: hinter „zweithöchsten“ fehlt [1])

Seite 114 10. Zeile von unten: statt Kt lies: Ku

Seite 126 12. Zeile von unten: statt *C* lies: C

Seite 221 linke Spalte 5. Zeile von oben: statt Absorptionsstante lies: Absorptionskante

Keßler, Kernenergiegewinnung

WTB

BAND 60

F. R. Keßler

Einführung in die physikalischen Grundlagen der Kernenergiegewinnung

Mit 46 Abbildungen und 6 Tabellen

AKADEMIE-VERLAG · BERLIN

PERGAMON PRESS · OXFORD

VIEWEG & SOHN · BRAUNSCHWEIG

Verfasser:
Prof. Dr. F. R. Keßler
Technische Universität Braunschweig

1969

Lizenznummer: 202 · 100/542/69
Herstellung: VEB Druckhaus „Maxim Gorki“, 74 Altenburg
Bestellnummer: Akademie-Verlag 7060 · ES 18 B 7, 20 D 6
Pergamon Press 08 006842 1
Vieweg & Sohn 6060
Printed in German Democratic Republic

Vorwort

Mehrfach vor die Aufgabe gestellt, Studienanfänger naturwissenschaftlich-technischer, aber auch fortgeschrittene Studenten anderer Fachrichtungen in die physikalischen Grundlagen der Kernenergiegewinnung einzuführen, habe ich mich bemüht, einen möglichst kurzen Weg zu finden, der zum Verständnis dieser technisch so bedeutsamen „Erfindung" führt.

Die Anlage dieses Büchleins sollte diesen Charakter bewahren. Die ersten Kapitel führen in möglichst direktem Weg und ohne Verzweigungen über die Energiebilanz bei der Kernspaltung zum prinzipiellen Aufbau eines Reaktors und den Problemen seiner Leistungssteuerung.

Danach erst, im 2. Teil gewissermaßen, beschäftigen sich einige Kapitel mit den Folge- und Nebenerscheinungen bei der Kernspaltung und den Kernreaktionen, d. h. mit der begleitenden (auch der natürlichen) Korpuskular- und γ- bzw. Röntgenstrahlung, der Strahlengefährdung, der Strahlungsmessung und dem Strahlenschutz.

Eine Sache erklären heißt, sie in Teilen auf Bekanntes zurückzuführen. Die damit verbundene Aufgabe ist das didaktische Problem jeden Buches und jeder Vorlesung; denn wo beginnt bzw. wo endet für den Leser das Bekannte?

Um dem Leser noch einen Schritt entgegenzugehen, faßt das Kapitel „Atomphysik" diejenigen Grundkenntnisse zusammen, die in den vorhergehenden Kapiteln vorausgesetzt sind und sich auf die Physik der Vorgänge beziehen, die gewissermaßen nur innerhalb der Elektronenhülle des Atoms ablaufen und den Atomkern zunächst undifferenziert als vergleichsweise schweren und unveränderlichen, allerdings Z-fach positiv geladenen Massepunkt voraussetzen.

In der vorliegenden Form beschäftigt der Stoff meine Studenten einige wenige Wochen in einem Semester. Ich teile mit dem Verlag, dem ich für seine Ermunterung zur Publikation danke, die Hoffnung, daß diese Einführung in die physikalischen Grundlagen der Kernenergiegewinnung auch darüber hinaus einen interessierten Leserkreis finden wird.

Braunschweig, im April 1969 *Franz Rudolf Keßler*
Institut B für Physik

Inhaltsverzeichnis

1. Einleitung

In den ersten Kapiteln dieses Buches sollen, mit aller nur möglichen Beschränkung auf das Wesentliche, die Fragen der Kernenergiegewinnung dargestellt werden. Dieser Zielbeschränkung entspricht es, daß die Physik zur Systematik des Kernaufbaues nur insofern in Erscheinung tritt, als sie zum Verständnis der Kernenergiegewinnung notwendig ist. Ausführliche Darstellungen über die Leistungsfähigkeit der zur Zeit in Behandlung befindlichen theoretischen Kernmodelle fehlen daher vollständig. Auch die Kerneigenschaften, soweit sie für die reine Kernenergiegewinnung von untergeordneter Bedeutung sind, z. B. die Frage der Kernmomente und ihre Auswirkung auf die Spektroskopie und Termlage für die Elektronen in der Atomhülle, sind beiseite gelassen.

Auf diese Weise wird es möglich, den Leser mit wenigen Schritten an die physikalische Grundlage der Kernenergiegewinnung heranzuführen. Es gilt zunächst zu verstehen, daß im wesentlichen nur ein Phänomen, und zwar das der außerordentlich starken Bindungskräfte im Bereich der Atom*kerne*, für den Faktor, es ist ein Faktor in der Größe von etwa 10^5, verantwortlich ist, der die technische Ausnutzung der Kernenergie gegenüber der Ausnutzung der Verbrennungsenergie so in den Vordergrund schiebt. Die herkömmliche Verbrennungsenergie bezieht sich auf die Bindungen zweier *Atome* im Bereich ihrer Elektronen*hüllen*.

Die Kernphysik hat auf diese Weise aus der Sicht der technischen Energieerzeugung einen außerordentlich großen Forschungsimpuls erhalten, und nach der Entdeckung der künstlich eingeleiteten Kernspaltung durch

Otto Hahn 1939 wurden in wenigen Jahren die physikalischen Grundlagen für die großtechnische Energieerzeugung erarbeitet. Heute sind eine Reihe von Großkraftwerken in Betrieb, in denen diese Kernenergie in die leichter verwertbare Form elektrischer Energie umgewandelt wird. Dabei muß man sich im klaren darüber sein, daß die Kernenergiegewinnungsanlage z. Z. lediglich einen besseren „Ofen" darstellt, der in konventioneller Weise zur Erhitzung eines Treibmittels dient, dessen thermische Energie in Turbinen und Generatoren in herkömmlicher Weise in Elektrizitätsenergie umgewandelt wird.

Neben diesen energiewirtschaftlichen Interessen steht natürlich das *wissenschaftliche* Interesse an der Kernphysik und an den mit der Kernenergiegewinnung verbundenen grundsätzlichen Fragen. Man wünscht erweiterte Auskunft über die Struktur der Atomkerne, ihren Aufbau, z. B. ihre magnetischen Eigenschaften, und die damit verbundenen Auswirkungen auf die Atomphysik schlechthin.

Wenn in den ersten Kapiteln die Fragen der Kernenergiegewinnung gewissermaßen ohne „Verzweigungen" behandelt werden, so folgen in einigen weiteren Kapiteln Themenkreise, die doch außerordentlich eng mit der Kernenergiegewinnung verbunden sind und bereits vorher andeutungsweise Erwähnung fanden.

Insbesondere wären die Kapitel der Radioaktivität, der Kernreaktionen und der Wechselwirkung zwischen Korpuskular-, γ- bzw. Röntgenstrahlen und der übrigen Materie zu erwähnen. Zwei Kapitel beschäftigen sich mit der Strahlungsmessung und dem Strahlenschutz. Schließlich muß aus der Sicht des Menschen die Frage der Strahlungsschäden Erwähnung finden.

2. Energierelationen

2.1. *Energie—Masse-Äquivalenz*

Kernenergiegewinnung bedeutet eigentlich nur die Umwandlung der Energieform, die bei der Beanspruchung von Kräften zwischen Teilen des Atomkerns auftritt, in andere, man könnte sagen herkömmliche Energieformen, die sich damit unsere Technik auch in herkömmlicher Weise zunutze machen kann.

Trotz dieses einfachen Sachverhaltes findet sich häufig die Ausdrucksweise, daß die Kernenergiegewinnung insofern neuartig sei, als sie eine Umwandlung von Masse in Energie bedeute.

EINSTEIN wurde 1905 bei der Beschäftigung und Ausarbeitung der speziellen Relativitätstheorie zu der Formel geführt, daß jeder Masse eine bestimmte Energiemenge äquivalent sei und umgekehrt. Die Formel lautet

$$mc^2 = E;$$

m = Masse,

E = Energie,

c = Vakuumlichtgeschwindigkeit = $2{,}99792 \cdot 10^8$ m/s.

Im praktischen Maßsystem ist die Energie in Wattsekunden, die Lichtgeschwindigkeit in Meter pro Sekunde und dann die Masse in Kilogramm einzusetzen.

Zunächst war diese Äquivalenzbeziehung lediglich eine Feststellung im Rahmen der speziellen Relativitätstheorie und insofern von geringer Bedeutung, als bei der damals noch vermeintlichen Gültigkeit des Gesetzes von der Konstanz der Masse keine Aussicht bestand, diese Energie in andere Energieformen umzuwandeln.

Strenggenommen war die Umwandlung von Masse in Energie und umgekehrt jedoch auch früher bereits immer vorhanden, jedoch mit den bekannten physikalischen Meßmethoden und im Bereich der durch Gravitation, elektrische Anziehung und Magnetismus gegebenen Kräfte nicht nachweisbar. Erst die um viele Größenordnungen größeren neuartigen „Kernkräfte“ und die mit ihnen verbundenen Energiebeträge (z. B. für die Bindung zweier Kernbausteine untereinander) brachten die auftretenden Differenzen in den Massen in den Bereich des Wägbaren.

Wenn ein Elektron an ein Wasserstoffion angelagert wird und sich dabei das neutrale Wasserstoffatom bildet, wird eine Energie von 13,6 eV, das sind $13{,}6 \times 1{,}6 \cdot 10^{-19}$ Ws, in der Form z. B. von einem oder mehreren abgestrahlten Lichtquanten frei. Gemäß der EINSTEINschen Beziehung wird damit von dem System Elektron—Wasserstoffion eine dieser Energie äquivalente Masse fortgeführt; das Wasserstoffatom ist also leichter als die Summe der Gewichte des Wasserstoffions und des Elektrons. Dieser „Massendefekt“ berechnet sich zu

$$\frac{13{,}6 \cdot 1{,}6 \cdot 10^{-19}}{9 \cdot 10^{16}} \text{ kg} = 2{,}4 \cdot 10^{-35} \text{kg}.$$

Eine derart kleine Massenänderung ist mit keinem der z. Z. praktizierten physikalischen Meßverfahren nachweisbar.

Verbinden sich dagegen unter der Wirkung der bindenden *Kern*kräfte ein Neutron und ein Proton miteinander, so wird eine Energie von 2,2 MeV frei, d. h. eine Energie, die etwa 10^5mal größer ist als die Bindungsenergie zwischen Wasserstoffion und Elektron. Der Massendefekt ist dann ebenfalls um den Faktor 10^5 größer und rückt damit in den Empfindlichkeitsbereich unserer Meßinstrumente, d. h. in diesem Fall der sogenannten Massenspektrometer.

Während also bei der Bindung eines Elektrons an ein Wasserstoffion aus der abgestrahlten Energie der Lichtquanten und der auf diese Weise bekannten Bindungsenergie gemäß der EINSTEINschen Beziehung auf den Massendefekt nur zurückgerechnet werden kann, liegen die Verhältnisse im Bereich der Kernphysik gerade umgekehrt. Im Massenspektrometer werden die Atome bzw. die Atomkerne gewogen; man stellt dann eine Differenz fest zwischen dem Gewicht eines bestimmten Atomkernes und der Summe der Gewichte seiner Bausteine und ermittelt daraus über die EINSTEINsche Beziehung die Bindungsenergie zwischen den Nukleonen.

Das Problem der Kernenergiegewinnung ist nun dieses, die in dieser ungeheuren Größe als existierend erkannten Bindungsenergien freizusetzen, d. h. in andere Energieformen überzuführen.

2.2. *Vergleich von Heizwerten*

Da die Kernenergie zunächst nur in der Form von Wärmeenergie anfällt, geradeso wie auch die elektrische Bindungsenergie im Bereich der Atomhülle bei der herkömmlichen, d. h. heißen, Verbrennung (im Gegensatz zur kalten Verbrennung in den sogenannten Brennstoffzellen), ist es zweckmäßig, die verschiedenen Energiemengen bzw. Wärmemengen, bezogen auf eine bestimmte Substanzmenge, zu vergleichen.

Neben der Energieangabe in Wattsekunden oder im Bereich des Atomaren in der $1{,}6 \cdot 10^{-19}$fach kleineren Energieeinheit des Elektronenvolts ist die Angabe einer Energiemenge speziell in der Wärmetechnik in der Einheit der „Kalorie" gebräuchlich.

Die Definition der Kalorie als Energiemenge lautet: Es ist diejenige Energiemenge (auch Wärmemenge genannt), die nötig ist, um 1 g Wasser von 14,5 auf 15,5 °C zu erwärmen.

Eine Kilokalorie ist die 10^3fach größere Energiemenge.

Bei der Verbrennung herkömmlicher Brennstoffe werden die folgenden Energiemengen frei:

	Heizwert
Steinkohle	$7 \cdot 10^3$ kcal/kg = 8,2 kWh/kg[1])
Holz	$4 \cdot 10^3$ kcal/kg = 4,7 kWh/kg
Erdöl	$10 \cdot 10^3$ kcal/kg = 12,6 kWh/kg
Leuchtgas[2])	$7 \cdot 10^3$ kcal/kg = 8,2 kWh/kg

[1]) Elektrisches Wärmeäquivalent 1 cal = 4,2 Ws.
[2]) Dichte ϱ = 0,65 kg/Nm³.

Bei den herkömmlichen Brennstoffen kann man also rund mit einer bei der Verbrennung frei werdenden Energiemenge von 10 kWh/kg Brennstoff rechnen.

Die EINSTEINsche Beziehung der Energiemasseäquivalenz liefert streng einen Energiebetrag von $2{,}5 \cdot 10^{10}$ kWh/kg Masse. Diese Energiemenge würde man erhalten, wenn 1 kg Masse vollständig entmaterialisiert und in Energie, z. B. in der Form elektromagnetischer Wellen, umgewandelt würde.

Es muß hier erwähnt werden, daß in der Praxis der Kernenergiegewinnung keine derartige vollständige Umwandlung einer eingesetzten Masse von Kern-„Brennstoff" in Energie stattfindet. Es wird jeweils nur ein Teil des Kernbrennstoffs in diesem Sinne in Energie umgewandelt. Vom Uran U-235[1]) kann im Mittel etwa nur 0,1% der Masse durch Kernspaltung in Energie umgewandelt werden. Außerdem kann diese Spaltung von 1 kg U-235 in der Praxis wiederum nicht vollständig durchgeführt werden, denn aus sekundären Gründen

[1]) Ein chemisches Element, bzw. ein bestimmtes Isotop davon, wird mit der Abkürzung seines Namens und der nachgestellten Nukleonenzahl A (= Anzahl der Protonen und Neutronen) seines Kerns bezeichnet. In der genormten Anordnung $^{235}_{92}$U wird die Nukleonenzahl links oben vor das Elementsymbol gesetzt und oft links unten die Ordnungszahl Z zugefügt (für Uran ist $Z = 92$), obwohl mit dem Namen des Elementes bereits seine Ordnungszahl (= Anzahl der Elektronen in der Hülle des neutralen Atoms = Anzahl der Protonen im Kern) festliegt (vgl. Tabelle im Anhang).

(kritische Masse, Schäden am Brennelement) kann der „Abbrand“ z. Z. nur 0,1% betragen. Damit erhält man, bezogen auf das Kilogramm eingesetzten Kernbrennstoffs, eine Energie im Sinne eines praktischen „Heizwertes“ von $2{,}5 \cdot 10^4$ kWh/kg oder, anders ausgedrückt, etwa 1 MWd/kg.

Ein modernes Großkraftwerk liefert z. B. etwa 100 MW Energie pro Tag und benötigt dazu 1200 t Kohlen pro Tag. Bei der Verwendung von Kernbrennstoff würde man dafür nur 100 kg U-235 pro Tag einsetzen müssen. In der Reduktion der Menge des einzusetzenden Brennstoffs um den Faktor 10^4 liegt letztlich die technische Bedeutung der Kernenergiegewinnung. Hinzu tritt allerdings noch die Frage des Vorrates an Brennstoffen auf der Welt, die jedoch erst dann endgültig zugunsten der Kernenergiegewinnung entschieden ist, wenn die Kernenergiegewinnung durch Fusion (vgl. weiter unten) realisiert sein wird.

2.3. *Die atomare Masseneinheit und ihr Energieäquivalent*

Im Bereich des Atomaren werden Massen üblicherweise nicht in der Einheit des Kilogramms, sondern in einer eigens definierten „atomaren Masseneinheit“ (AME) angegeben, die etwa der Masse eines Neutrons oder Protons entspricht. Der genaue Wert ist reine Definitionssache, und er hat sich im Laufe der letzten Jahrzehnte auch mehrfach geändert. Wichtig ist, daß es im Bereich der Kernphysik auf den ganz genauen Zahlenwert ankommt, denn wie sich zeigen wird, liegen die entscheidenden Differenzen später gerade in der 3. oder 4. Dezimale.

Seit 1961 ist die AME international definiert als:

$(1\ \mathrm{AME})_{\mathrm{C\text{-}12}} = 1\mathrm{m_u} = (1/12)$ der wahren Masse des Kohlenstoffisotops C-12 $= 1660{,}27 \cdot 10^{-30}$ kg.

Das Kohlenstoffisotop C-12 ist ein bestimmtes Atom, das chemisch wegen seiner Ordnungszahl 6 als Kohlenstoff in Erscheinung tritt, dessen Kern jedoch aus 12 Nukleonen (Protonen und Neutronen) besteht.

Früher war die AME definiert als 1/16 der Masse des Sauerstoffisotops O-16 und betrug $1659{,}75 \cdot 10^{-30}$ kg. Diese überholte Definition löste ihrerseits die bis dahin bestehende Definition ab, der das natürliche Isotopen*gemisch* des Sauerstoffs zugrunde lag. Das „natürliche Isotopen*gemisch*" war in seiner Zusammensetzung nicht genau genug definiert bzw. reproduzierbar. Aus diesem Grund bezieht man sich also auf ein bestimmtes Isotop. Daß man jetzt vom O-16 auf das C-12 hinüberwechselte, hat rein praktische Gründe.

Dividiert man die wahre Masse eines beliebigen Atoms (in kg) durch die AME (in kg), so erhält man das „Atomgewicht" des Atoms. Man muß sich klarmachen, daß das so definierte „Atomgewicht" in Wahrheit kein Gewicht bezeichnet (Gewicht ist das Produkt aus der wahren Masse und der Erdanziehungsbeschleunigung), sondern nur eine Verhältniszahl für die Massenangabe darstellt. Man sagt deshalb bisweilen bereits „relative Atommasse", der Begriff „Atomgewicht" ist jedoch immer noch gebräuchlich, auch im modernen angelsächsischen Schrifttum.

Das Kohlenstoffatom C-12 hat ersichtlicherweise per definitionem das Atomgewicht 12,000000000.... und das O-16-Atom, das früher das Atomgewicht 16,000000... hatte, besitzt aufgrund der z. Z. gültigen Definition der AME das Atomgewicht 15,994915.

Gemäß der EINSTEINschen Beziehung für die Energie—Masse-Äquivalenz entspricht der AME eine Energiemenge von 931,441 MeV:

$$1 \text{ AME} \triangleq (931{,}441 \pm 0{,}01) \text{ MeV} \approx 1 \text{ GeV}.$$

Da die Massendefekte im Bereich der Kernphysik ebenfalls in den Einheiten der AME angegeben werden (sie ergeben sich sofort in dieser Einheit als Differenz in den Atomgewichten), ist es nützlich, sich diesen Energiebetrag zu merken.

Die AME steht in einer festen Beziehung zum Molbegriff und damit zur LOSCHMIDTschen Zahl[1]) der Teilchen pro Mol. Prinzipiell ist die atomare Masseneinheit in Gramm gleich dem Reziprokwert der LOSCHMIDTschen Zahl, die auf das Grammol bezogen ist:

$$1 \text{ AME (in g)} = 1/N_L; \; N_L = \text{LOSCHMIDTsche Zahl}^{1)}.$$

Mit der Festlegung der AME (bzw. ihrer Umänderung) ist auch die LOSCHMIDTsche Zahl bestimmt. Bei der z. Z. gültigen Definition der AME ergibt sich die LOSCHMIDTsche Zahl zu $6{,}0231 \cdot 10^{23}$ Teilchen pro Mol.[1])

1 Mol eines Stoffes ist definitionsgemäß eine solche Menge des Stoffes, daß die Masse (ATG) Gramm beträgt, wenn das genaue „Atomgewicht" (ATG) der Teilchen diesen Zahlenwert hat.

3. Kernaufbau der stabilen Materie

3.1. *Elektron, Proton und Neutron als Elementarteilchen*

Die *stabile* Materie unserer Zeit ist aus drei Elementarteilchen aufgebaut: Elektronen bilden die Hülle der Atome und geben diesen einen äußeren Durchmesser von etwa $1 \text{ Å} = 1 \cdot 10^{-10}$ m (für genaue Werte, die auch von

---

1) Die in Deutschland gebräuchliche Bezeichnung „LOSCHMIDTsche Zahl" ist im angelsächsischen Schrifttum in „AVOGADRO-Konstante" geändert. Den Empfehlungen der IUPAP entsprechend (deutsch: „Symbole, Einheiten und Nomenklatur in der Physik", Verlag Friedrich Vieweg & Sohn, Braunschweig) soll die letztgenannte Bezeichnung international bevorzugt werden.

In eben dieser Empfehlung in der laut Beschluß der IUPAP im September 1963 ein neuer konsistenter Satz von Werten für die Konstanten der Physik publiziert ist, findet sich der Wert $6{,}02252 \cdot 10^{23}$.

der „Fragestellung“ abhängen, vgl. das Kapitel Atomphysik). Protonen und Neutronen, gemeinsam mit ihren Antiteilchen „Nukleonen“ genannt, bilden den Atomkern, der einen Durchmesser von etwa 10^{-5} Å hat und in dem bei der verhältnismäßigen Leichtigkeit der Elektronen nahezu die ganze Masse des Atoms vereinigt ist und der damit auch, bis auf den Anteil der Z (Z = Ordnungszahl) Elektronen, das Atomgewicht des Atoms bestimmt.

Diese drei Elementarteilchen haben charakteristische Eigenschaften, die im folgenden kurz zusammengestellt sind. Für die Fragen der Kernenergiegewinnung sind unmittelbar eigentlich nur die Ladung und die genauen Massen (bzw. das genaue Atomgewicht) von Bedeutung.

In der Aufführung der charakteristischen Daten erscheinen jedoch auch noch die Spinquantenzahl für die Angabe des Eigendrehimpulses des Teilchens und der Landé-Faktor, der zusammen mit der magnetischen Spinquantenzahl mit Hilfe fixer Einheiten das magnetische Moment der Elementarteilchen bzw. dessen Komponente für eine von außen vorgegebene Richtung bestimmt.

Als spezifische Einheit für das magnetische Moment des Elektrons wird das Bohrsche Magneton und für ein Nukleon das Kernmagneton gewählt.

Der Drehimpuls und das magnetische Moment eines Elementarteilchens sind wichtige Größen, die das Zusammenwirken der Elementarteilchen untereinander und ihre summarische Wirkung nach außen bestimmen. Von ihnen hängt z. B. das magnetische Verhalten eines Stoffes ab, und auch die üblichen Energiezustände erfahren aufgrund bestimmter Konfigurationen von Impuls und magnetischem Moment charakteristische Veränderungen. Diese Energieverschiebungen sind z. B. in der Spektroskopie leicht feststellbar und dienen zur Identifizierung eines bestimmten Zustandes. Im Rahmen der einfachen physikalischen Grundlagen der Kernenergiegewinnung kann ihr Einfluß zunächst unberücksichtigt bleiben.

1. *Elektron* (nur in der Atomhülle, nicht im Kern; Elektronenemission aus dem Kern (β^--Strahlen) ist ein Resultat innerer Umwandlung, d. h. eine Folge von Instabilität)

Eigenschaften:

Ladung $e = 1{,}6020 \cdot 10^{-19}$ C,

Masse $m_e = 0{,}9109 \cdot 10^{-30}$ kg (genau $5{,}4862 \cdot 10^{-4}$ $\text{AME}_{\text{C-12}}$),

Atomgewicht $A = 5{,}4862 \cdot 10^{-4}$,

Spinquantenzahl $s = +1/2$,

Magnetisches Moment

a) Betrag $|M| = \sqrt{s\,(s+1)}\, g\mu_B$,

b) *z*-Komponente $M_z = \pm g\, s\, \mu_B$;

g = Landé-Faktor $\doteq 2$ (genau 2,0023),

μ_B = Bohrsches Magneton $= 9{,}273 \cdot 10^{-24}$ A m².

Bemerkung: Das „Antielektron" als „Positron" existiert. Das Positron ist bei gleicher Masse und gleichem Ladungsbetrag positiv geladen. Elektron und Positron „zerstrahlen" bei der Vereinigung unter vollständigem Umsatz der beiden Ruhmassen in (aus Impulserhaltungsgründen zwei) Quanten elektromagnetischer Strahlung von je 0,51 MeV Quantenenergie (vgl. weiter unten auch Umkehrprozeß der „Paarbildung").
Das Elektron bildet zusammen mit dem Positron und mit dem Neutrino und dem Antineutrino sowie dem Myon (= μ-Meson) die Elementarteilchengruppe der „Leptonen", d. h. der leichten Teilchen.

2. *Proton* (= Wasserstoffkern)

Eigenschaften:

Ladung $e_p = +1{,}6020 \cdot 10^{-19}$ C

(Betragsgleichheit mit Elektron),

Masse $m_p = 1{,}0072766$ $\text{AME}_{\text{C-12}}$ (um den Faktor 1836,10 schwerer als Elektron),

Atomgewicht $A = 1{,}0072766$,

Spinquantenzahl $s = +1/2$,

Magnetisches Moment

a) Betrag $|M| = \sqrt{s\,(s+1)}\; g\, \mu_K$,

b) z-Komponente $M_z = \pm g\, s\, \mu_K$;

g = LANDÉ-Faktor $= -5{,}5851$

μ_K = Kernmagneton $= \mu_B\, (m_e/m_p) = \mu_B/1\,836{,}10$.

(„Antiproton" vorhanden.)

3. *Neutron* (stabil nur im Atomkern; im freien Zustand — z. B. in der Neutronenstrahlung — Lebensdauer $(11{,}7 \pm 0{,}3)$ min, radioaktiver Zerfall in 1 Elektron, 1 Proton (Ladungserhaltung) und in 1 Antineutrino (Impulserhaltung)

Eigenschaften:

Ladung $e_n = 0$,

Masse $m_n = 1{,}008\,6654$ $AME_{C\text{-}12}$,

Atomgewicht $A = 1{,}008\,6654$,

Spinquantenzahl $s = +1/2$,

Magnetisches Moment

a) Betrag $|M| = \sqrt{s\,(s+1)}\; g\, \mu_K$,

b) z-Komponente $M_z = \pm g_s\, s\, \mu_K$;

g_s = LANDÉ-Faktor $= +3{,}8256$.

Bemerkung: Das magnetische Moment existiert trotz fehlender resultierender elektrischer Ladung als Hinweis auf eine innere Struktur. Eine magnetische Ablenkung (z. B. Fokussierung) des Neutrons ist dank des magnetischen Momentes möglich. („Antineutron" vorhanden.)

Die historisch vorangehende Hypothese, der Kern sei nur aus Protonen und Elektronen aufgebaut (und zwar aus A Protonen und $(A-Z)$ Elektronen) erwies sich rasch als unhaltbar:

a) Die Elektronenwellenlänge müßte dazu von der Größenordnung des Kernumfangs sein (stehende Welle mit $\lambda \lesssim 2\pi r$; r = Kernradius). Die Wellenmechanik liefert jedoch dann im Zusammenhang mit der Relativitätstheorie mindestens eine kinetische Energie in der Größenordnung von 100 MeV, die die elektrostatische potentielle Energie der Bindung zum Proton erheblich übersteigt (d. h., es ist kein Bindungszustand auf so engem Raum möglich). Die Abschätzung dazu:

wellenmechanischer Impuls

$$m \cdot v = p = \frac{h}{\lambda},$$

relativistisch

$$E_{\text{ges}} = mc^2 = E_{\text{kin}} + E_{\text{Ruh}}; \quad E_{\text{Ruh}} = m_0 c^2 = 0{,}52 \text{ MeV};$$

da die Elektronengeschwindigkeit v nahezu Lichtgeschwindigkeit c beträgt, folgt

$$p = mc = \frac{h}{\lambda},$$

$$E_{\text{ges}} = E_{\text{kin}} + E_{\text{Ruh}} = pc = \frac{hc}{\lambda}.$$

Mit $2r = 3 \cdot 10^{-15}$ m ergibt sich $\lambda = 1 \cdot 10^{-14}$ m; wegen $h = 6{,}6 \cdot 10^{-34}$ Ws^2 erhält man

$$E_{\text{kin}} = 130 \text{ MeV} - 0{,}52 \text{ MeV}.$$

Neutronen jedoch „passen" in den Kern hinein. Bei analoger Betrachtung der Wellenlänge und nichtrelativistischer Rechnung ($v \ll c$)[1]) ergibt sich aufgrund der

---

[1]) Aus der Formel für den wellenmechanischen Impuls ergibt sich die Wellenlänge von Neutronen mit einer kinetischen Energie von 1 eV zu 27 Å. Des weiteren nimmt die Wellenlänge dann mit der Wurzel aus der kinetischen Energie ab.

größeren Masse nur mehr eine kinetische Energie von etwa 2 MeV (Ruhenergie 938,7 MeV).

Bei „Kernkräften" (nicht elektrischer, nicht magnetischer und nicht gravitativer Natur) ist die Bindungsenergie zwischen den Nukleonen (Protonen und Neutronen) tatsächlich von dieser Größenordnung, d. h., Protonen und Neutronen sind wechselseitig auf so engem Raum zu einer Bindung untereinander fähig.

Die gleichen energetischen Relationen ergeben sich auch aus der HEISENBERGschen Unschärferelation (Ungenauigkeitsrelation)

$$\text{Impulsunschärfe} \times \text{Ortsunschärfe} = \Delta p \quad \Delta x = \frac{h}{2\pi}.$$

Als Ortsunschärfe ist hier der Kerndurchmesser anzusetzen. Aus der resultierenden Impulsunschärfe ergibt sich eine Energieunschärfe für Neutronen von etwa 8,5 MeV, ein Wert, der wieder in der Größenordnung der vorhandenen Bindungsenergien durch Kernkräfte liegt (vgl. weiter unten).

b) Das Protonen-Elektronen-Modell für den Atomkern konnte auch nicht die Verhältnisse bezüglich des resultierenden Kernspins (bzw. des magnetischen Kernmoments) erklären. Zum Beispiel ist der Spin von $^{14}_{7}N$ ganzzahlig (experimentell). Da sich in Atomkernen die Spins nicht vektoriell, sondern algebraisch mit + oder − addieren, ergäbe sich mit 14 Protonen und 7 Elektronen auf jeden Fall ein halbzahliger resultierender Gesamtspin. Mit 7 Protonen und 7 Neutronen = 14 Nukleonen ist der Gesamtspin jedoch in Übereinstimmung mit der Erfahrung.

Aus solchen und anderen Gründen wurde die Existenz des Neutrons vorhergesagt. Es wurde 1932 von CHADWICK experimentell nachgewiesen.

Seither spielt das Neutron eine große Rolle nicht nur für den Kernaufbau und die Theorie der Elementarteilchen, sondern auch experimentell:

a) als „Geschoß“ für Kernreaktionen, da es dank der fehlenden Ladung keine elektrostatischen Kräfte von der Atomhülle oder dem Kern erfährt und so den Kern leicht erreicht,

b) als Reaktionsprodukt einer Kernumwandlung, speziell der Kernspaltung, mit dem die Kettenreaktion der Spaltung zum Zweck der Kernenergiegewinnung aufrechterhalten werden kann.

Es erübrigt sich im Rahmen der vorliegenden Darstellung, nähere Ausführungen zu den Kernmomenten (Drehimpuls, magnetisches Dipolmoment, elektrisches Dipol- und Quadrupolmoment usw.) und deren Addition zu machen, da auf eine Wiedergabe der bestehenden Theorien für den Kernaufbau ganz verzichtet wird. Diese Theorien berücksichtigen alle Formen der Wechselwirkung der Nukleonen im Atomkern und können die hier nur als Tatbestände aufgeführten Kerneigenschaften bereits weitgehend erklären, indem sie als Resultat mathematischer Rechnungen erscheinen, d. h. aus einfacheren Voraussetzungen abgeleitet werden können.

3.2. *Weitere Elementarteilchen*

Die moderne Kernphysik kennt eine ganze Reihe weiterer Elementarteilchen, deren Existenz als gesichert gelten muß. Gemeinsam ist allen diesen Elementarteilchen, daß es sich dabei um Reaktionsprodukte handelt, die also nur bei *Veränderungen* im Bereich der Atomkerne bzw. in dem Spielraum der dort üblichen Energiebeträge vorkommen und daher mit Instabilitäten der Materie verbunden sind. Diese Elementarteilchen sind auch selbst nicht stabil, wenigstens nicht in unserer Welt und unter den im Labor realisierbaren experimentellen Bedingungen.

Es ist das Anliegen der aktuellsten Grundlagenphysik, diesen Katalog der Elementarteilchen in einem Ordnungsschema so zu verstehen, daß sie als einer einheitlichen Wurzel („Weltformel") entstammend gesehen und damit in ihrer Existenz „erklärt" werden können.

In einer gewissen Analogie können diese Elementarteilchen als die Quanten derjenigen Felder aufgefaßt werden, die den Kernkräften zugrunde liegen, so wie die Lichtquanten den korpuskularen Charakter der elektromagnetischen Felder zum Ausdruck bringen, die ihrerseits von statischen oder bewegten elektrischen Ladungen und damit von den COULOMB-Kräften ihren Ausgang nehmen.

Für die vorliegenden Ausführungen genügt es, folgende Hinweise zu geben:

1. *Das Neutrino und das Antineutrino* (Symbol ν bzw. $\bar{\nu}$)

Ladung $m_\nu = 0$,

Masse kleiner als 1/2000 Elektronenmasse,

Spinquantenzahl $s = +1/2$.

2. *Das Positron = „Antielektron"* (ein „Lepton", d. h. ein leichtes Teilchen; Symbol β^+)

Ladung $= +1{,}6020 \cdot 10^{-19}$ C (ladungsgleich mit Elektron),

Masse = Elektronenmasse,

Spinquantenzahl $s = +1/2$.

Das Positron zerstrahlt mit dem Elektron (γ-Strahlung) und ist daher selten und in normaler Materie (als seiner „Antimaterie") sehr kurzlebig ($\approx 10^{-7}$ s in Luft von 760 Torr). Ein Positron entsteht umgekehrt zusammen mit einem Elektron durch „Paarbildung" aus energiereichen Photonen, deren Mindestenergie (= Ruhenergie der Elektronenmasse + Ruhenergie der Positronenmasse) etwa 1 MeV — entsprechend 0,012 Å Wellenlänge — betragen muß.

Entdeckt wurde das Positron 1932 in der von der Höhenstrahlung ausgelösten Sekundärstrahlung unserer Erdatmosphäre.

3. Das Myon oder μ-Meson (Symbol μ)

Das Myon hat eine negative Ladung von der Größe der Elementarladung. Obwohl seine Masse 206,8mal größer als die des Elektrons ist, zählt es zur Gruppe der Leptonen. Es zerfällt nach einer Lebensdauer von $2{,}2 \cdot 10^{-6}$ s in ein Elektron, ein Neutrino und ein Antineutrino.

4. Die Gruppe der Mesonen

Die Mesonen (unter Ausschluß des zu den Leptonen zu rechnenden Myons) haben Massen, die zwischen dem 264fachen und dem 974fachen der Elektronenmasse liegen. Sie befinden sich damit, ihrer Namensgebung entsprechend, mit ihrer Masse zwischen den Leptonen und den Baryonen (= schweren Teilchen), deren Hauptvertreter die Nukleonen sind.

Alle Mesonen sind instabil, ihre Lebensdauern liegen etwa bei 10^{-8} s, und sie zerfallen letzten Endes in Leptonen. Ihre Ladungen entsprechen entweder der positiven oder der negativen Elementarladung.

Aus der Sicht der Elementarteilchenerklärung ist man geneigt, sie als die eigentlichen Quanten der Kernkräfte zu bezeichnen.

5. Die Hyperonen (und ihre Antiteilchen)

Die Hyperonen haben eine noch größere Masse als die Nukleonen (bis zum 2582fachen der Elektronenmasse), sie werden mit ihnen (Neutronen und Protonen und deren Antiteilchen) in der Gruppe der Baryonen zusammengefaßt. Auch sie sind instabil mit Lebensdauern von 10^{-10} s. Ihre elektrische Ladung ist Null oder entspricht der positiven oder negativen Elementarladung.

Insgesamt kennt man heute über 130 Elementarteilchen und unterscheidet bei ihnen erheblich mehr Eigenschaften als Masse, Ladung und Spin; Eigenschaften (z. B. Parität, Baryonenladung usw.), für die neue Erhaltungssätze gefunden wurden und die ihre Wechselwirkung untereinander bestimmen.

Zur Systematik der Elementarteilchen kann hier nur auf die Spezialliteratur verwiesen werden.

In der Reihe der Elementarteilchen müssen jedoch noch

6. die Photonen

als die Quanten der Coulomb-Kräfte aufgeführt werden. Sie besitzen die Ruhmasse Null, die Ladung Null und die Spinquantenzahl 1.

3.3. *Gesetzmäßigkeiten bei der Zusammensetzung der Kerne der stabilen Materie*

Kehren wir zum Kernaufbau aus Protonen und Neutronen zurück:

Ordnungszahl Z = Zahl der Elektronen in der Hülle
= Zahl der Protonen im Kern (Neutralität),

Nukleonenzahl A = Z + Zahl der Neutronen N im Kern
$= Z + N$.

In diesem Zusammenhang treten wichtige Begriffe auf:

a) Isotope = Atome (bzw. Kerne) mit gleichem Z (stehen im Periodensystem der Elemente auf „gleichem Platz"; Zahl der Neutronen und damit Gesamtnukleonenzahl kann variieren),

b) Isobare = Atome (bzw. Kerne) mit gleichem A („gleich schwer"; Zahl der Protonen und Neutronen kann variieren, muß sich aber kompensieren),

c) Isotone = N gleich, Z und A variabel,

d) Isomere = A gleich, Z gleich, aber verschiedene Zustände, z. B. verschiedene Spins oder verschiedene Anregungszustände oder verschiedene Halbwertszeiten beim radioaktiven Zerfall usw.

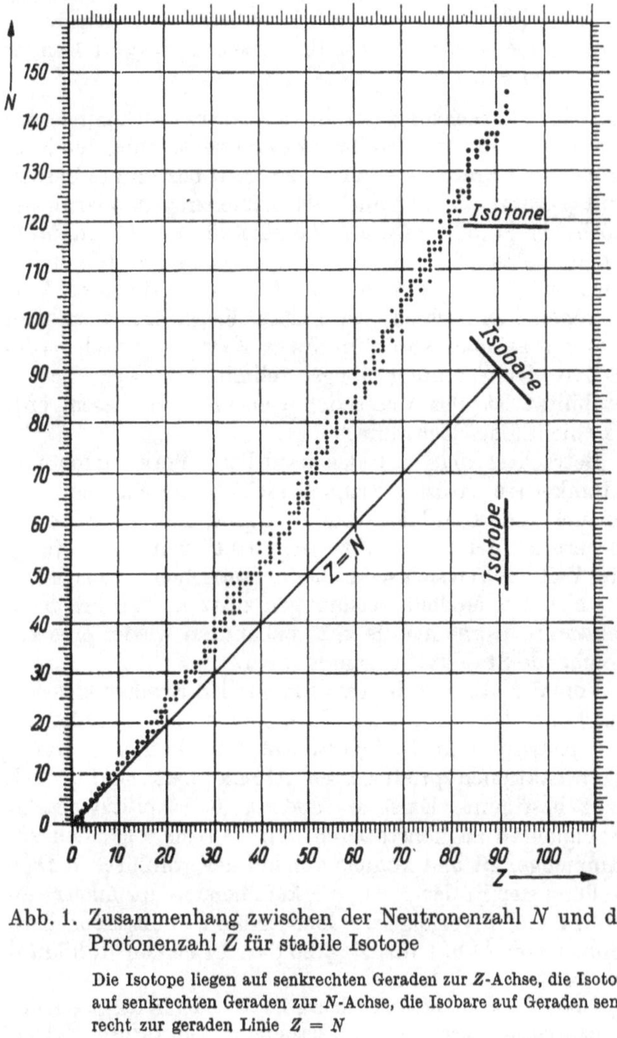

Abb. 1. Zusammenhang zwischen der Neutronenzahl N und der Protonenzahl Z für stabile Isotope

Die Isotope liegen auf senkrechten Geraden zur Z-Achse, die Isotone auf senkrechten Geraden zur N-Achse, die Isobare auf Geraden senkrecht zur geraden Linie $Z = N$

Beispiel (HAHN 1921): Das Protaktiniumisotop $^{234}_{91}Pa$ findet sich in 2 isomeren Zuständen mit je verschiedener Halbwertzeit: $\tau_1 = 1{,}14$ min; $\tau_2 = 6{,}7$ h.

Bei der Betrachtung der in der Natur vorkommenden Atomkerne hinsichtlich ihrer Zusammensetzung aus Neutronen und Protonen ergeben sich ganz bestimmte Gesetzmäßigkeiten, die man auch als Existenzregeln oder besser noch als Stabilitätsgesetzmäßigkeiten bezeichnen muß. Bei dem Alter der Erde, das z. Z. zu etwa 10^{10} Jahren angegeben wird, ist nämlich Existenz im natürlichen Vorkommen identisch mit Stabilität. Kerne mit instabilen Konfigurationen wären in diesem Zeitraum durch radioaktive Umwandlung längst eliminiert. Der Begriff Stabilität ist also wesentlich gemessen an diesem erdgeschichtlichen Zeitraum.

Betrachtet man nur das natürliche Vorkommen von Atomkernen, so ist prinzipiell nicht ausgeschlossen, daß es auch andere stabile Atomkerne gibt, die jedoch bei der Generation der Erde nicht „eingebaut" wurden. In jüngster Zeit mehren sich sogar die theoretischen Vorhersagen, die sich auf Modellberechnungen stützen, daß erheblich schwerere Kerne als die z. Z. bekannten wieder eine zunehmende Stabilität zeigen würden.

Vom Standpunkt der experimentellen Erfahrung, sei es aufgrund des natürlichen Vorkommens, sei es aufgrund der festgestellten Radioaktivität von künstlich durch Kernreaktionen produzierten Atomkernen, sind jedoch ganz bestimmte Existenz- und damit Stabilitätsgesetzmäßigkeiten zu konstatieren. Sie sind im folgenden zusammengefaßt und können anhand der graphischen Darstellung der in der Natur vorkommenden Atomkerne in Abb. 1 und 2 verfolgt werden.[1]) Abb. 2 stellt einen Ausschnitt von Abb. 1 für $Z \leqq 20$ dar. In beiden Abbildun-

[1]) Vergleiche auch die Nuklidkarte im Anhang, in der neben den natürlichen auch die z. Z. bekannten künstlichen Nuklide eingetragen sind.

gen ist als Abszisse die Ordnungszahl = Protonenzahl und als Ordinate die Neutronenzahl im Kern aufgetragen. Jeder in der Natur vorkommende Kern ist gemäß seiner „Koordinaten“ eingetragen.

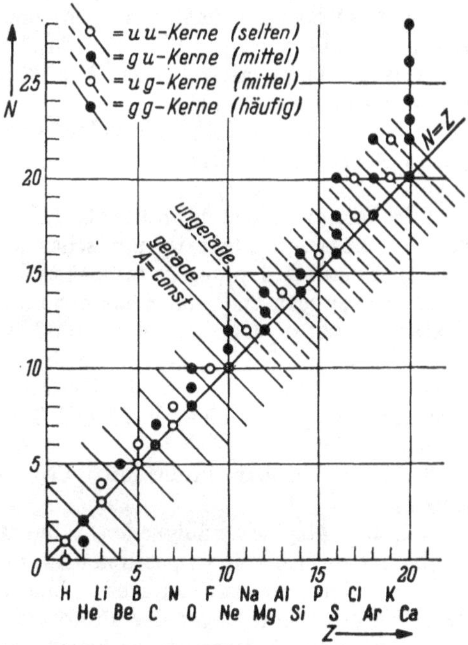

Abb. 2. Ordnungsschema stabiler Kerne nach Neutronenzahl N, Protonenzahl Z und Nukleonenzahl A

1. Aus dem Vergleich von Ordnungszahl und Atomgewicht der Elemente ergibt sich folgender Sachverhalt: Bei leichten Elementen ist $N = Z$ und damit $A = Z + N = 2Z$.
Bei hohen Ordnungszahlen wächst das Verhältnis der Neutronen zu Protonen an auf etwa 1,6, d. h., es ist $A = 2{,}6\,Z$.

2. In der Frage, wie viele *Isotope* es zu einem *Z* im natürlichen Vorkommen der Elemente gibt, läßt sich feststellen:
In der Mitte des Periodensystems kommen die meisten Isotope vor.
Die höchste Isotopenzahl hat Zinn ($_{50}$Sn) mit 10 Isotopen (Sn-112, 114, 115, ..., 120, 122, 124).
Es gibt auch Elemente mit nur einem *A* (z. B. $^{9}_{4}$Be, $^{19}_{9}$F, $^{23}_{11}$Na, $^{27}_{13}$Al usw.).

3. Die *Isobaren* kann man folgendermaßen diskutieren:
Zu jedem *A* gibt es mindestens einen stabilen Kern (Ausnahme $A = 5$ und 8).
Bei zwei Isobaren ist ΔZ stets größer als 1 (Ausnahme: Kalium-40; diese Ausnahme ist nur scheinbar, denn K-40 ist nicht stabil, d. h., es ist radioaktiv (β^--aktiv) und kommt deswegen auch nur mehr mit 0,0118% in der Natur vor neben K-39 mit 93,2% und K-41 mit 6,8%).
A ungerade hat meist nur einen stabilen Kern, wenn doch mehrere, dann nur *einen* Kern mit *Z* ungerade und *N* gerade („ug-Kern“).
A gerade: 2 bis 3 Isobare in der Mitte des Periodensystems.

Bei den Stabilitätsgesetzmäßigkeiten fällt auf, daß diese offenbar wesentlich von der geraden oder ungeraden Protonen- oder Neutronenzahl im Kern abhängen. Sogenannte „uu-Kerne“ mit ungerader Protonenzahl und ungerader Neutronenzahl kommen praktisch nicht vor. Andererseits gibt es viele „gg-Kerne“, während die „ug-Kerne“ und die „gu-Kerne“ untereinander etwa gleich häufig, jedoch von geringerer Häufigkeit als die gg-Kerne sind. Bei der Behandlung der zur Kernspaltung notwendigen Aktivierungsenergie tritt die damit verbundene Stabilitätsfrage erneut auf. ug-Kerne (bzw. gu-Kerne) lassen sich leichter spalten (die Aktivierungsenergie ist geringer) als vergleichsweise gg-Kerne.

Das in Abb. 3 wiedergegebene Schema stellt die diesbezüglichen Gesichtspunkte zusammen.

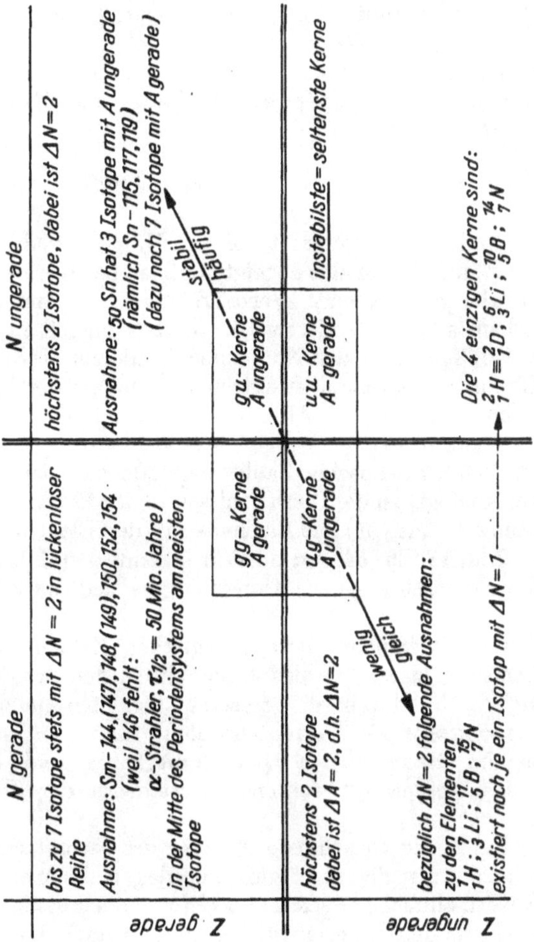

Abb. 3. Schema zu den Existenzregeln natürlicher Kerne

Betrachtet man jede Untergruppe nochmals bezüglich der Kernzusammensetzung, so fällt auf, daß die Häufigkeit (= Stabilität) der Kerne, bei denen entweder *N oder Z* die Werte 2, 8, 20, (28), (40), 50, 82 und 126 hat (sogenannte „magische Zahlen"), besonders groß ist.

Dabei zeichnen sich die „doppelt magischen" Kerne durch eine nochmals gesteigerte Stabilität aus. Es sind die Kerne

$${}^{4}_{2}\mathrm{He},\ {}^{16}_{8}\mathrm{O},\ {}^{40}_{20}\mathrm{Ca},\ {}^{48}_{20}\mathrm{Ca}\ \text{und}\ {}^{208}_{82}\mathrm{Pb}.$$

Der berühmteste Vertreter ist wohl der He-4-Kern, dessen Stabilität sich schon darin zeigt, daß er bei Kernreaktionen als geschlossener Verband in der Form des α-Teilchens ausgeschleudert wird. In der doppelt magischen Konfiguration der Nukleonen in diesem Kern ist ihre Bindung untereinander extrem und in gewisser Hinsicht anomal hoch (vgl. Abb. 6 für die Bindungsenergie pro Nukleon, S. 40).

Bezüglich der magischen Zahlen liegt offensichtlich eine gewisse Analogie zu den Verhältnissen in der Elektronenhülle eines Atoms vor: Die Elemente mit den Elektronenzahlen 2, 8, 18, 36, 54 und 86 sind besonders stabil und deshalb chemisch auch reaktionsträge; es sind die Edelgase.

Bekanntlich können diese „magischen Zahlen" der Elektronen in der Hülle des Atoms durch den Schalenaufbau, d. h. durch die Gesetzmäßigkeiten in der Aufeinanderfolge der Quantenzahlen für die Elektronen im Rahmen der Quantenmechanik und des PAULI-Prinzips erklärt werden (Oktetttheorie der Edelgase).

Es ist z. Z. die vornehmste Aufgabe der theoretischen Kernphysik, für die Konfiguration der Nukleonen in einem Kern ähnliche Gesetzmäßigkeiten modellmäßig abzuleiten, um den experimentellen Befund auch im Bereich der Atomkerne zu erklären.

3.4. *Isotopengemisch und Isotopentrennung*

Die prozentuale Zusammensetzung der Isotope eines Elementes in seinem natürlichen Vorkommen ist charakteristisch für das Element. Die geographischen Schwankungen sind dabei gering. Zum Beispiel finden sich folgende relativen Häufigkeiten:

H-1	99,985 %	(Verhältnis 6000:1)
D-2	0,015 %	
O-16	99,759 %	
O-17	0,0373%	
O-18	0,204 %	
C-12	98,89 %	
C-13	1,11 %	
U-238	99,27 %	
U-235	0,72 %	
U-234	0,006 %	

Isotope sind chemisch gleich, verhalten sich aber physikalisch, z. B. wegen der verschiedenen Massen, verschieden, denn die Masse geht in viele atomphysikalische Prozesse ein (vgl. kinetische Gastheorie, Diffusion usw.).

Auf der physikalischen Verschiedenheit basieren deswegen auch die Verfahren der Isotopentrennung. Da sich bei den schwereren Elementen die Massen der Isotope nur um 10% oder weniger unterscheiden, sind die physikalischen Verschiedenheiten nicht sehr groß, die Trennverfahren deshalb wenig effektiv, d. h. relativ aufwendig.

Bei dem für die Kernenergiegewinnung so wichtigen Uran ist die Abtrennung des Isotops U-235 als Kernbrennstoff aus dem natürlichen Uranvorkommen wegen der Massenverschiedenheit von nur etwa 1,3% außerordentlich aufwendig, wenn dabei Mengen in der Größenordnung von einigen Kilogramm gewonnen werden sollen. Die geradezu phantastischen Ausmaße der technischen Uran-Isotopentrennanlagen im Kriege beim Wettlauf der Nationen sind hinreichend bekannt.

Beim Wasserstoff und Deuterium (= D-2 ≡ H-2) jedoch beträgt der Massenunterschied 100%. Die physikalische Verschiedenheit nimmt leicht meßbare Größen an.

Als Beispiel diene ein Vergleich zwischen leichtem Wasser und schwerem Wasser:

	H_2O	D_2O
Gefrierpunkt	0,0 °C (Definition)	3,82 °C
Siedepunkt	100,0 °C (Definition)	101,42 °C
Größte Dichte bei	4,0 °C	11,6 °C
Viskosität bei größter Dichte	10,09	12,6 (10^{-3} CGS-Einheit)

Schweres Wasser wirkt in einer Konzentration von 50% wachstumshemmend auf Lebewesen, bei 100% in kurzer Zeit tödlich (beachte: physiologische Vorgänge sind wesentlich auch physikalischer Natur, z. B. osmotischer Druck aus Diffusion durch semipermeable Membranen)!

3.5. *Massendefekt und Bindungsenergie pro Nukleon*

Die Masse eines Atoms ist *kleiner* als die Summe der Masse seiner Bausteine, und dasselbe gilt also auch für die Atomgewichte. Mit den bekannten, experimentell bestimmten genauen (!) Atomgewichten (ATG) des Atoms bzw. der Elektronen, Protonen und Neutronen berechnet sich der Massendefekt für ein Atom wie folgt.

Zunächst ergibt sich unter Verwendung der stets ganzzahligen Größe A = Nukleonenzahl = Anzahl Z von Protonen plus Anzahl N von Neutronen im Kern die Differenz im Atomgewicht aus der Beziehung:

$$\Delta(\mathrm{ATG}) = Z \cdot (\mathrm{ATG})_{\mathrm{Proton}} + (A - Z) \cdot (\mathrm{ATG})_{\mathrm{Neutron}} - [(\mathrm{ATG})_{\mathrm{Atom}} - Z \cdot (\mathrm{ATG})_{\mathrm{Elektron}}].$$

Den Massendefekt ΔM für das betrachtete Isotop erhält man durch Multiplikation mit der atomaren Masseneinheit (AME):

$$\Delta M = \Delta(\mathrm{ATG}) \cdot (\mathrm{AME}).$$

Bei der Zusammensetzung des Atoms aus seinen einzelnen Bausteinen ist die dem Massendefekt entsprechende Bindungsenergie frei und nach außen abgegeben worden.

Diese gesamte abgegebene Energie („Energiedefekt“) berechnet sich als Produkt aus der Differenz im Atomgewicht mit der der atomaren Masseneinheit äquivalenten Energie im Sinne der EINSTEINschen Beziehung:

$$\Delta E = \Delta(\mathrm{ATG}) \cdot 931{,}441\ \mathrm{MeV}.$$

Als Beispiel sei die Berechnung der Bindungsenergie zwischen einem Proton und einem Neutron vorgeführt. Die Bindungsenergie ergibt sich aus der Massenverschiedenheit zwischen dem H-1-Kern und dem H-2-Kern (auch „D-2“-Kern genannt, da das Wasserstoffisotop mit einem Proton *plus* einem Neutron im Kern entgegen der üblichen Gepflogenheit bei der Isotopenbezeichnung einen eigenen Namen, nämlich „Deuterium“ (abgekürzt „D“), erhalten hat; das Wasserstoffisotop H-3 bezeichnet man ebenfalls gesondert als „Tritium“, abgekürzt „T“).

Proton und Neutron sind in großem Abstand voneinander in Ruhe deutlich schwerer als in Ruhe in der Verbindung. Die Differenzbildung bei den auf C-12 bezogenen Atomgewichten liefert:

1 Proton	1,0072766	Deuterium	ATG	2,014102
+ 1 Neutron	1,0086654	– Elektron	ATG	0,000548
Σ der Bausteine	2,0159420			
D-2-Kern	– 2,013554	D-2-Kern (auch „Deuteron“ gen.)	ATG	2,013554

Differenz:

$$\Delta \mathrm{ATG}_{C\text{-}12} = 0{,}002388 \quad \triangleq 2{,}388 \cdot 10^{-3} \cdot 931{,}441 \text{ MEV}$$

$$\Delta E = 2{,}388 \cdot 0{,}931441 \text{ MEV} \approx 2{,}224 \text{ MeV}$$

Diese aus dem Massendefekt errechnete Bindungsenergie von 2,224 MeV zwischen Proton und Neutron hat sich umgekehrt auch direkt experimentell bestätigt, da zur Spaltung des Deuteriumkerns in Proton und Neutron wieder eine Energie von $(2{,}225 \pm 0{,}002)$ MeV benötigt wurde.

Man bezieht die Bindungsenergie auch auf das einzelne Nukleon und trifft in diesem Sinne die Feststellung, daß bei der Bindung *zweier* (!) Nukleonen untereinander die Bindungsenergie pro Nukleon $= (1/2) \cdot 2{,}224$ MeV $= 1{,}112$ MeV beträgt:

$$E_B\,(=\text{Bindungsenergie pro Nukleon})_{\text{bei 2 Nukleonen, d. h. } A\,=\,2} = 1{,}112 \text{ MeV}.$$

Die Bindungsenergie resultiert aus der anziehenden Wirkung der Kernkräfte.

Diese Kernkräfte haben charakteristische Eigenschaften, die in den verschiedensten Experimenten und Befunden deutlich werden. Folgende Charakteristika sind festzustellen:

1. Die Bindungsenergie der Nukleonen ist unabhängig von der Ladung, d. h. bei Proton und Neutron gleich.

2. Wegen *1.* binden sich auch zwei Protonen untereinander. Die Bindungskraft durch die Kernkräfte ist erheblich größer als die elektrostatische Abstoßung.

3. Die Kernkräfte sind in ihrer Natur nicht auf makroskopisch bekannte Kräfte zurückzuführen. Sie sind weder elektrischer noch magnetischer Natur, auch nicht durch die Gravitation zu erklären.

4. Die Kernkräfte fallen mit sehr hoher Potenz mit dem Abstand ab (kurze Reichweite), während die elektrostatischen COULOMB-Kräfte, die mit $1/r^2$ (r = Radius des Abstandes) abfallen, eine vergleichsweise große Reichweite haben.

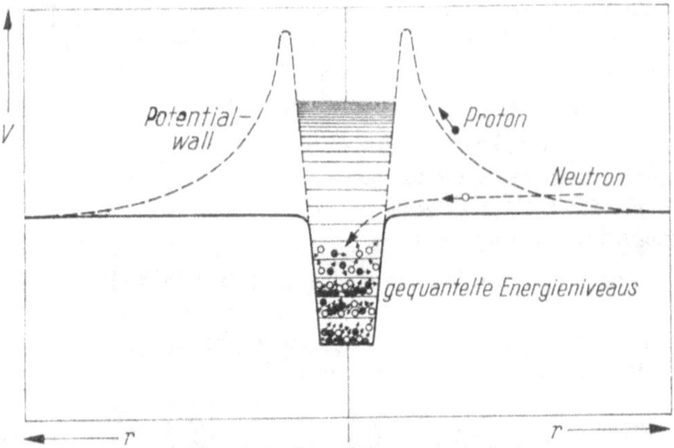

Abb. 4. Potentialverhältnisse für einen Atomkern

Für Protonen beträgt die Höhe des GAMOW-Walles etwa 30 MeV, für Protonen und Neutronen die Tiefe des Potentialtopfes 6 ... 8 MeV; die Breite des Potentialtopfes beträgt $4 \ldots 18 \cdot 10^{-13}$ cm; die Zahlenangaben beziehen sich auf relativ schwere Kerne

Daraus resultiert, daß sich zwei Protonen in großer Entfernung elektrostatisch abstoßen, in kurzer Distanz jedoch anziehen.

Die Potentialverhältnisse für ein einen Atomkern anfliegendes Proton lassen sich graphisch darstellen (Abb. 4). Aufgetragen ist die potentielle Energie eines Protons im Abstand r von einem (relativ schweren) Kern. In größerem Abstand muß das Proton den durch die abstoßenden COULOMB-Kräfte aufgebauten (Potential-) Berg hinauflaufen, wenn es sich dem Kern nähern will. Dazu braucht es eine hinreichend große kinetische Energie. Hat es dank seiner kinetischen Energie den Gipfel des Potentialwalls (sogenannter Gamow-Wall) erreicht, „fällt" es unter der Wirkung der jetzt überwiegenden anziehenden Kernkräfte in den „Potentialtopf" hinein. Die Tiefe des Potentialtopfes unterhalb der Energie-Nullinie kennzeichnet die Größe der Bindungsenergie.

Ein Neutron dagegen erfährt wegen der Ladungsneutralität keine Coulomb-Abstoßung durch die bereits im Kern vorhandenen Protonen. Es erreicht den Wirkungsbereich der Kernkräfte praktisch kräftefrei und fällt dann ohne Potentialschwelle in den Bindungszustand hinein.

5. Die Kernkräfte basieren offenbar nicht auf „Ladungen", denn die Analogie zu der Elektrostatik in der Form der „Absättigung" einer positiven Ladung durch eine negative Ladung fehlt.

Aus den Charakteristika folgt, daß sich z. B. an ein Nukleon zwei Nukleonen (gleich ob Proton oder Neutron) anlagern können mit je der gleichen Bindungsenergie.

So wird bei der Anlagerung im Fall

a)

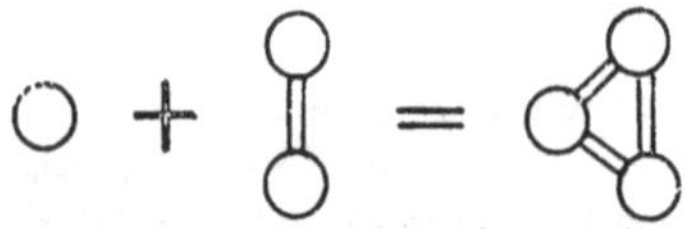

die Bindungsenergie von 2 × 2,2 MeV frei,

b)

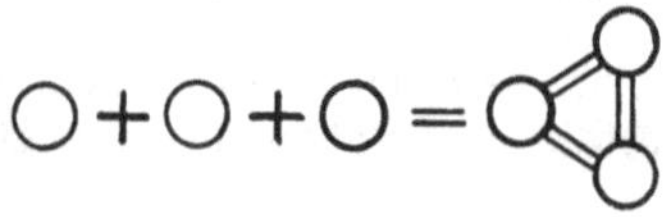

die Bindungsenergie 3 × 2,2 MeV.

Bei einem Kern aus 3 Nukleonen ist also die Bindungsenergie pro Nukleon auf $E_B = (3/3) \cdot 2{,}2$ MeV $= 2{,}2$ MeV angestiegen!

Die *wahren* Bindungsverhältnisse, die man aus dem Massendefekt experimentell (Atomgewichtsbestimmung) genau gewinnen kann, sind in Feinheiten komplizierter, wie sich nämlich aus einem Vergleich zwischen der Erwartung unter den obengenannten Voraussetzungen und dem experimentellen Befund ergibt:

Nimmt man an, daß sich die Nukleonen in den Kernen in der dichtesten Kugelpackung zusammenfinden, so muß

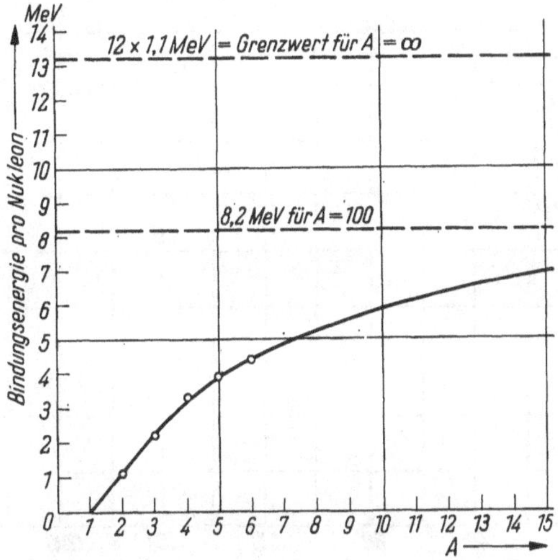

Abb. 5. Bindungsenergie pro Nukleon unter der Voraussetzung gleicher Bindung zu jedem Nachbarn in dichtester Kugelpackung

sich als Grenzwert der Bindungsenergie pro Nukleon der Wert $12 \times 1{,}1$ MeV ergeben. Denn in der dichtesten Kugelpackung hat jede Kugel 12 Nachbarn im Kontakt. Ein solches inneres Nukleon mit 12 Nachbarn ist demnach mit der maximalen Bindungsenergie von $12 \times 1{,}1 \text{ MeV} = 13{,}2 \text{ MeV}$ gebunden.

Bei einer nur endlichen Anzahl von Kugeln haben die Kugeln an der Oberfläche naturgemäß nicht vollständig 12 Nachbarn. Mit wachsender Anzahl von Kugeln wächst jedoch der Prozentsatz der Kugeln mit 12 Nachbarn, da die Oberfläche nur mit $A^{2/3}$, also schwächer als proportional zur Gesamtzahl A der Kugeln wächst.

Man erwartet also, daß mit wachsendem Atomgewicht die Bindungsenergie pro Nukleon gegen den *Grenzwert* $12 \times 1{,}1$ MeV geht (Abb. 5). (Beachte: E_B erreicht bei

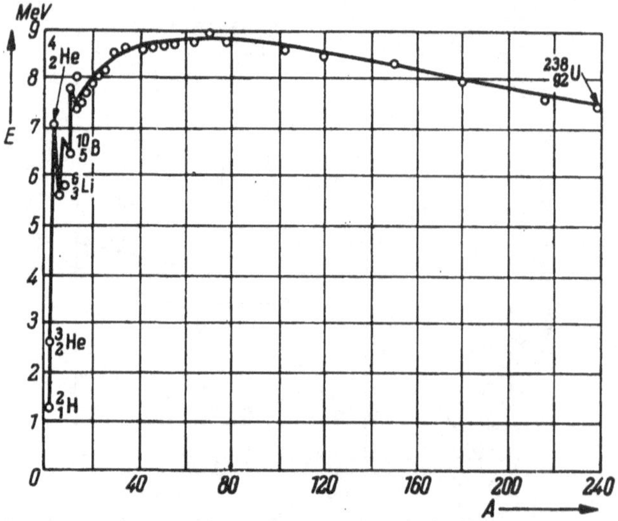

Abb. 6. Mittlere Bindungsenergie E der Nukleonen in MeV je Nukleon als Funktion der Kernmasse A

$A = 100$ erst 8,2 MeV, wogegen der Grenzwert für $A = \infty$ 13,2 MeV ist.)

Abb. 6 gibt nun die experimentelle, aus dem Massendefekt bestimmte Bindungsenergie pro Nukleon für die bekannten Kerne wieder.

Ein Vergleich mit der oben ausgesprochenen und auf den angeführten Charakteristika der Kernkräfte basierenden Erwartung zeigt, daß bis auf eine „Feinstruktur" der Anstieg zunächst der Erwartung entspricht.

Der Abfall *nach* dem Maximum bei etwa $A = 60$ mit $E_B = 8{,}5$ MeV kommt durch die gegenläufig anwachsende Abstoßungsenergie zwischen den Protonen zustande (COULOMB-Energie), die bisher nicht in Rechnung gestellt wurde. Daß sich hierbei eine monotone Funktion der Nukleonenzahl A ergibt, liegt an der bereits besprochenen Gesetzmäßigkeit der Zusammensetzung der stabilen Kerne. Das Verhältnis von Z zu A war ja fast eine Konstante, veränderlich nur von 0,5 bei leichten Kernen auf 0,38 bei schweren Kernen.

Nach dem COULOMBschen Gesetz wächst das Abstoßungspotential für eine Ladung proportional zur Gegenladung und umgekehrt proportional zum Radiusabstand r. Damit wird die der Bindungsenergie entgegenstehende COULOMB-Energie eines Kernes wegen Z praktisch proportional zu A und r proportional zu $\sqrt[3]{A}$:

$$E_{\text{Abst. Coul.}} = A\,\frac{A}{\sqrt[3]{A}},$$

und damit die Abstoßungsenergie *pro Nukleon*

$$\sim \frac{A}{\sqrt[3]{A}} = A^{2/3}.$$

Mit Hilfe dieser drei Energieanteile:

a) Volumenenergie $=$ const $= 13{,}2$ MeV,

b) Oberflächenenergie $= \text{const} \cdot \frac{A^{2/3}}{A} = -K_O \frac{1}{\sqrt[3]{A}}$,

c) COULOMB-Energie $= \text{const} \cdot A^{2/3} = -K_C A^{2/3}$,

läßt sich der Verlauf prinzipiell darstellen:

$$E_B = 13{,}2\ \text{MeV} - K_O A^{-1/3} - K_C A^{2/3}.$$

Abb. 7 gibt die drei Energieanteile in Abhängigkeit von A wieder. Die Volumenenergie ist hier unter An-

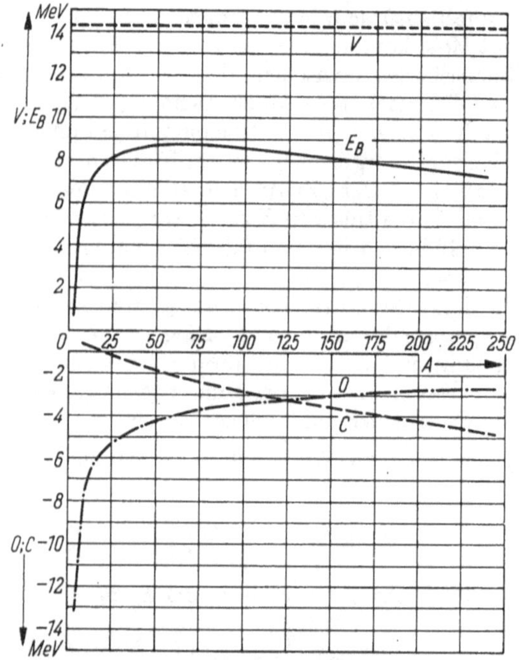

Abb. 7. Abhängigkeit von der Nukleonenzahl A für die drei Energieanteile:

V = Volumenenergie im Innern (konstant gleich 14,2 MeV), als Bindungsenergie positiv

O = Oberflächenenergie
C = COULOMB-Energie
} als der Bindungsenergie entgegengerichtet negativ aufgetragen,

und die aus der Überlagerung entstehende Bindungsenergie E_B pro Nukleon im Sinne des Tröpfchenmodells der Atomkerne

passung an die Meßwerte (Abb. 6) auf den Wert 14,2 gebracht.

Den Voraussetzungen gemäß, unter denen diese Formel abgeleitet wurde (gleichberechtigte, inkompressible

Materietröpfchen), heißt dieses Kernmodell das „Tröpfchenmodell".

Die Feinstruktur in der Kurve der Bindungsenergie pro Nukleon kann das Tröpfchenmodell offenbar nicht erklären. Sie rührt daher, daß bestimmte Kerne mit gerader bzw. ungerader Protonen- oder Neutronenzahl (vgl. das Diagramm mit der Häufigkeit bzw. Stabilität der natürlichen Kerne) stärker gebunden sind (vgl. die „magischen Zahlen").

Die Formel für die Bindungsenergie ist also diesbezüglich noch um eine von der Konfiguration abhängige Funktion zu ergänzen. Das zu diesem Zweck entwickelte „*Schalenmodell*" erklärt die speziellen Konfigurationen mit ihren besonders hohen Bindungsenergien und damit auch die magischen Zahlen. Es sind also nicht alle Nukleonen gleichberechtigt, es gibt vielmehr ausgezeichnete Zustände.

Beachtlich ist die besonders hohe Bindungsenergie des Heliumkernes (er ist doppelt magisch) von 28 MeV, d. h. 7 MeV pro Nukleon, während die Formel nur (13,2/4) MeV = 3,3 MeV liefern würde (vgl. Abb. 5).

Diese starke Bindung äußert sich — wie bereits ausgeführt — darin, daß Heliumkerne als α-Teilchen den Kern *geschlossen* verlassen und eine gewissermaßen eigene Sorte von Korpuskularstrahlung darstellen.

4. Möglichkeiten der Kernenergiegewinnung

4.1. *Kernfusion*

Führt man Kernbausteine (Protonen und Neutronen) zusammen, so wird die Bindungsenergie bei dieser exothermen Reaktion frei. In der gleichen Weise wird immer dann Energie frei, wenn man zwei (oder mehrere) Kerne vereinigt und wenn im Resultatkern die Bindungsenergie pro Nukleon größer ist als in den Ausgangskernen. Ein Zusammenfügen von Kernen zu einem neuen Kern nennt man „Kernfusion".

Man gewinnt also stets dann Energie, wenn die Bilanz

$$(A E_B)_{\text{Resultatkern}} - [(A E_B)_{\text{Ausgangskern I}} + (A E_B)_{\text{II}}] > 0,$$

d. h. positiv ist. Die zu den einzelnen Nukleonenzahlen A gehörigen Bindungsenergien pro Nukleon entnimmt man dabei z. B. der Abb. 6.

Den größten Energiegewinn ergibt offenbar die Fusion von leichten Kernen. Folgende Reaktionen stehen im Vordergrund des Interesses (die „Geschoß"-Kerne sind wie gebräuchlich mit kleinen Buchstaben bezeichnet):

$$a)\ {}^2_1\text{D} + {}^2_1\text{d} \rightarrow {}^3_2\text{He} + {}^1_0\text{n} + \gamma + \underbrace{3{,}2\ \text{MeV},}$$

gesamte freiwerdende Energie

$$b)\ {}^3_1\text{T} + {}^2_1\text{d} \rightarrow {}^4_2\text{He} + {}^1_0\text{n} + \gamma + \overbrace{17{,}6\ \text{MeV}}.$$

Das Tritium entsteht in einer ebenfalls exothermen Reaktion:

a) aus Lithium

$${}^6_3\text{Li} + {}^1_0\text{n} \rightarrow {}^4_2\alpha + {}^3_1\text{T} + \gamma + 4{,}67\ \text{MeV}$$

oder

b) in einer (D, d)-Reaktion:

$${}^2_1\text{D} + {}^2_1\text{d} \rightarrow {}^1_1\text{p} + {}^3_1\text{T} + \gamma + 4{,}036\ \text{MeV}.$$

Da sich die Deuteriumkerne („Deuteronen") aufgrund der positiven Ladung zunächst abstoßen, ehe die Kernkräfte wirksam werden, und auch vorher die Elektronenhüllen durchdrungen werden müssen (falls nicht totale Ionisation vorliegt), muß das Geschoß eine dazu ausreichende kinetische Energie besitzen.

In der Einzelreaktion kann diese kinetische Energie mit Beschleunigern erzeugt werden. Die Zahl der Reaktionen pro Sekunde sind jedoch für eine großtechnische Energieerzeugung viel zu klein. (Man erreicht zwar z.B.

10^9 Fusionsakte pro Sekunde, was aber nur einer Leistung von 10^{-3} W entspricht.)

Die Leistung läßt sich nur dann auf ein praktisch brauchbares Maß steigern, wenn in großen Gasvolumina jeder gaskinetische Stoß mit großer Wahrscheinlichkeit zu einer Fusionsreaktion führt. Das bedeutet, daß die Temperatur des Gases so hoch sein muß, daß die wahr-

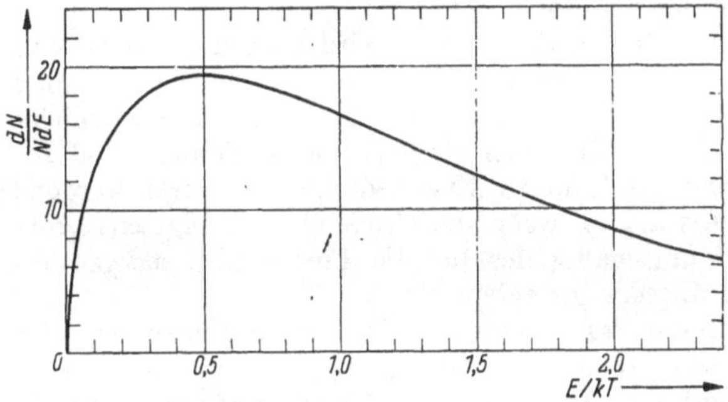

Abb. 8. Energieverteilung der Boltzmann-Statistik

Die Ordinate gibt den relativen Anteil derjenigen Teilchen (dN/N) pro Energieintervall dE an, die eine Energie zwischen E und ($E + dE$) besitzen; die Abszisse gibt die Energie, bezogen auf (kT), an (hier ist $kT = 1/40$ eV entsprechend Zimmertemperatur)

scheinlichste thermische Energie der Gasmoleküle etwa der erforderlichen „Aktivierungsenergie" für die Reaktion entspricht.

In erhitzten Gasen gilt bezüglich der Geschwindigkeits- bzw. Energieverteilung die Boltzmann-Statistik. Sie sagt aus, daß der Bruchteil dN von allen Gasteilchen N eines bestimmten Volumens, die bei einer bestimmten Temperatur eine Energie zwischen E und ($E + dE$) haben, gegeben ist durch die Funktion (Abb. 8)

$$\frac{dN}{N} = \frac{2}{\sqrt{\pi}} \left(\frac{1}{kT}\right)^{3/2} \sqrt{E}\, e^{-E/kT}\, dE .$$

Die Funktion besitzt ein Maximum bei der Energie $E_{max} = (1/2)\, kT$. Dieses Maximum besagt, daß die meisten Teilchen von allen relativ gesehen die Energie $(1/2)\, kT$ besitzen. E_{max} bezeichnet man deswegen auch als die wahrscheinlichste Energie.

Im arithmetischen Mittel besitzt jedes der N Gasteilchen, die punktförmig erscheinen,[1]) eine Energie von $E_{mittel} = (3/2)\, kT$, die man auch als die „mittlere Energie" bezeichnet.

Aus diesem Sachverhalt wird klar, daß die gaskinetischen Stöße der Gasteilchen untereinander nur dann mit einer in der Nähe von Eins liegenden Wahrscheinlichkeit zu der erwünschten Fusionsreaktion führen (und so zu hinreichend hohen Energiedichten der frei werdenden Kernenergie), wenn die Größe (kT) wenigstens größenordnungsmäßig der für die Fusion notwendigen Aktivierungsenergie entspricht.

In der Praxis setzen die Fusionsreaktionen der geschilderten Art bei etwa $10^6\,°C$, entsprechend einer mittleren kinetischen Energie der Gasteilchen von $(3/2)\, kT \doteq \doteq 10^3\, eV$, merklich ein. Dem exponentiellen Charakter der BOLTZMANN-Verteilung entsprechend wächst die Energieausbeute exponentiell mit der Temperatur.

Abb. 9 zeigt die Energieausbeute für die zwei in Kurzschreibweise angetragenen Fusionsreaktionen.

Solche Temperaturen sind schwer stationär aufrechtzuerhalten, da keine hinreichend temperaturbeständigen Materialien bekannt sind, die das Gas einschließen könnten. Man versucht den Einschluß der heißen Gase in sogenannten „magnetischen Flaschen". Es handelt sich dabei um eine besondere Konfiguration starker Magnetfelder. Die heißen Gasteilchen werden in ihnen, da sie wegen der hohen Temperatur ionisiert sind, aufgrund der Wirkung der LORENTZ-Kraft (Kraft eines Magnetfeldes auf eine bewegte Ladung) so

---

[1]) Moleküle sind bei den zur Kernfusion hinreichender Ausbeute notwendigen Temperaturen vollständig dissoziiert!

auf Kreisbahnen abgelenkt, daß sie räumlich zusammenbleiben.

Bisher ist es erst gelungen, hinreichend hohe Gastemperaturen in magnetischen Flaschen (oder Stoßwellenrohren) für sehr kurze Zeit aufrechtzuerhalten. Die Suche

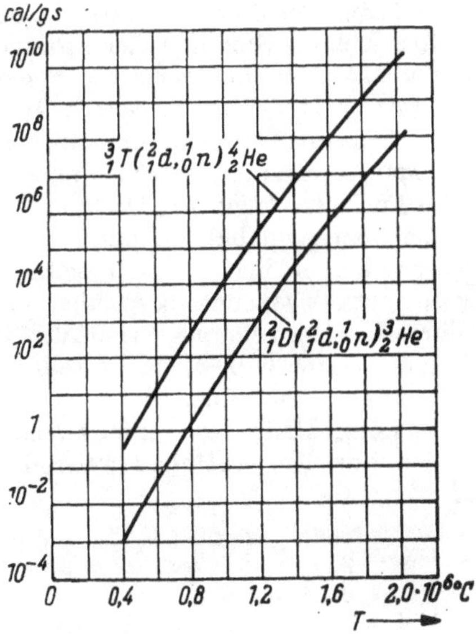

Abb. 9. Bei thermonuklearen Reaktionen ausgestrahlte spezifische Leistung (= Energie pro Gramm und Sekunde) in Abhängigkeit von der Temperatur T der Reaktionsmasse

nach den vorherberechneten Fusionsreaktionen war indes vorerst noch erfolglos, wenn an der Funktionsweise selbst prinzipiell auch nicht zu zweifeln ist.

In Atombomben auf der Basis der Kernspaltung (vgl. später) liegen die Temperaturen bei 10^{6} °C. Hier kann also eine Fusionsreaktion nachgeschaltet werden, was die „Wirkung" der Bombe (H-Bombe) gegenüber der ‚klassischen" A-Bombe (Hiroshima) um mehr als das $2{,}5 \cdot 10^{4}$-

fache steigert (mindestens $4 \cdot 18^8$ t TNT gegenüber $2 \cdot 10^4$ t TNT).

In den Fixsternen (Sonne) herrschen ebenfalls Temperaturen von 10^6 °C und mehr, so daß der Energiehaushalt der Fixsterne (Abstrahlung) durch Fusionsreaktionen gedeckt werden kann.

BETHE hat bereits 1938 zwei Prozesse in Betracht gezogen, die über mehrere Stufen je vier Protonen in einen Heliumkern umwandeln und dabei die besonders hohe Bindungsenergie im He-4-Kern freisetzen. Innerhalb der Stufen des 1. Prozesses wandeln sich über Deuteriumkerne u. a. zwei Protonen in Neutronen um.

Die zweite Fusionsreaktion zur Deckung des Energiehaushaltes der Sonne, unabhängig auch von VON WEIZSÄCKER vorgeschlagen und deshalb seither „BETHE-WEIZSÄCKER-Zyklus" genannt, läuft über sechs Stufen und wird durch Kohlenstoffkerne vermittelt, die gewissermaßen als Katalysator wirken, da sie selbst nicht aufgebraucht werden. Auch hier vereinigen sich netto 4 Protonen zu einem Heliumkern unter zweimaliger Positronenemission zur Umwandlung zweier Protonen in zwei Neutronen:

$$
\begin{aligned}
{}^{12}C + p &\rightarrow {}^{13}N + \gamma \\
{}^{13}N &\rightarrow {}^{13}C + \beta^+ + \nu \\
{}^{13}C + p &\rightarrow {}^{14}N + \gamma \\
{}^{14}N + p &\rightarrow {}^{15}O + \gamma \\
{}^{15}O &\rightarrow {}^{15}N + \beta^+ + \nu \\
{}^{15}N + p &\rightarrow {}^{12}C + {}^{4}He
\end{aligned}
$$

„BETHE-WEIZSÄCKER-Zyklus"

In beiden Prozessen, die je etwa zu 50% beteiligt sein sollen, wird also Wasserstoff zu Helium „verbrannt". Der Wasserstoffvorrat der Sonne reicht für etwa 10^{10} Jahre, und davon ist z. Z. etwa die Hälfte verbraucht. Im Inneren der Sonne hält eine Temperatur von etwa $15 \cdot 10^6$ Grad die Fusionsreaktion in Gang.

In wesentlich heißeren Sternen vereinigen sich nochmals Heliumkerne exotherm zu Kohlenstoffkernen.

BETHE erhielt 1967 für die quantitative Erklärung des Energiehaushaltes der Fixsterne durch die Kernenergiefreisetzung in Fusionsreaktionen den Nobelpreis.

4.2. *Kernspaltung*

4.2.1. *Energiegewinnung durch Kernspaltung*

Die Abhängigkeit der Bindungsenergie pro Nukleon von der Nukleonenzahl des Kerns, in dem sich die A Nukleonen befinden (Abb. 6, S. 40), zeigt, daß Kernenergie auch gewonnen werden kann durch *Spaltung* von Atomkernen, falls deren Nukleonenzahl größer als 60 ist und die Spaltstücke von passender Größe sind. Weil die Kurve der Bindungsenergie pro Nukleon ab $A = 60$ wieder *ab*sinkt, ist es möglich, daß die Summe der Bindungsenergien im Ausgangskern kleiner ist als die Gesamtsumme der Bindungsenergien der Nukleonen in den Spaltstücken. Die Energiedifferenz wird bei dem Spaltungsakt frei, nach außen abgegeben und läßt sich technisch nutzen.

In diesem Zusammenhang ist der Wortbedeutung „Kern*spaltung*" durchaus Aufmerksamkeit zu schenken. Wie die Abhängigkeit der Bindungsenergie pro Nukleon von der Nukleonenzahl zeigt, würde eine Zersplitterung eines schwereren Kernes in sehr kleine Bruchstücke keinen Energiegewinn liefern. Bei der Teilung des Kernes muß man auf der Kurve, netto gesehen, „nach oben kommen". Die Teilungsstücke müssen demnach Nukleonenzahlen von je etwa 60 oder darüber besitzen.

Es kommt also darauf an, einen schwereren Kern in *wenige* Teile zu zerlegen, die möglichst gleich groß und mit 60 Nukleonen versehen sind.

O. HAHN und F. STRASSMANN entdeckten, daß dies in dieser Form etwa möglich ist. Sie beschossen in ihren bahnbrechenden Experimenten Uran mit Neutronen und entdeckten in dem beschossenen Material Barium und

Lanthan, Elemente, die vorher nicht darin vorhanden gewesen waren.

Es zeigte sich also, daß eine Trennung in *zwei* Teile vorlag, also demnach eine echte „Spaltung", wenn auch die beiden Spaltstücke nicht genau gleich groß waren.

HAHN und STRASSMANN erkannten sofort, daß es sich hier um eine exotherme Spaltungsreaktion handelte, und waren sich der Tragweite ihrer Entdeckung bewußt.

Neben der künstlich eingeleiteten Kernspaltung beobachtet man auch eine sogenannte spontane Spaltung, die damit in gewisser Analogie zur Radioaktivität steht und Ausdruck der mangelnden Stabilität des Kernes ist. U-238 hat eine diesbezügliche Halbwertszeit von $9 \cdot 10^{15}$ Jahren. Die Halbwertszeiten hinsichtlich der spontanen Spaltung nehmen erst bei den *künstlichen* Elementen höherer Ordnungszahl beachtenswert kürzere Werte an.

Die exothermen und künstlich eingeleiteten Kernspaltungsprozesse schwerer Nukleonen können also zur technischen Energiegewinnung herangezogen werden.

Ein „Ofen" dieser Art kann nun im Gegensatz zu den Ausführungen über den Betrieb bei der Kernenergiegewinnung durch Fusion dadurch stationär betrieben werden, daß die Spaltprodukte bei hinreichendem Angebot von Ausgangskernen ihrerseits wieder neue Spaltreaktionen initiieren. Man nennt das eine „Kettenreaktion". Strenggenommen spricht man jedoch immer nur dann von einer technisch verwertbaren Kettenreaktion, wenn eine Reaktion in der „ersten Generation" mindestens wieder eine gleiche Reaktion in der „zweiten Generation" hervorruft. Nur in diesem Fall halten sich die Spaltungsreaktionen selbst in Gang (natürlich nur unter der Voraussetzung eines hinreichenden Angebotes an spaltbarem Material). Ist der Multiplikationsfaktor zwischen den einzelnen „Generationen" genau gleich Eins, so ist die Spaltungsrate (= Zahl der Kernspaltungsprozesse pro Sekunde) zeitlich konstant, und von der vorgegebenen Menge an „Brennstoff" geht eine zeitlich stationäre Leistungsabgabe aus.

Ist der Multiplikationsfaktor größer als Eins, so wächst die Spaltungsrate mit jedem Generationsschritt, die Leistung steigt zeitlich multiplikativ an. Ist der Anstieg sehr steil, so kann man von einer Explosion sprechen („Atombombe“). Im technischen Betrieb möchte man, von Einschalt- und Abschalt- bzw. Regelvorgängen abgesehen, natürlich einen stationären Leistungsbetrieb aufrechterhalten. Diesem Problem der Leistungsregelung ist weiter unten ein gesondertes Kapitel gewidmet.

Es kann schon hier erwähnt werden, daß das Isotop U-235 das einzige natürlich vorkommende Element ist, dessen Spaltung in der Form einer Kettenreaktion stationär aufrechterhalten werden kann. Darin liegt seine große und z. Z. unübertroffene praktische Bedeutung für die Kernenergiegewinnung durch Kernspaltung.

In Laboratoriumsversuchen lassen sich auch andere Elemente durch Beschuß mit Korpuskularstrahlung (aus Teilchenbeschleunigern, Kernreaktionen oder auch aus der Höhenstrahlung) unter Energiegewinn spalten, die Spaltreaktionen erhalten sich aber nicht im Sinne einer mindestens stationären Kettenreaktion in Gang.

Künstliche Nuklide, die als Spaltmaterial für Kettenreaktionen in diesem Sinn verwendet werden können, sind nur noch U-233 und Plutonium Pu-239; beide können bei der U-235-Spaltung im Reaktor hergestellt („erbrütet“) werden (vgl. weiter unten).

Künstliche Kerne mit einem Atomgewicht über 260 sind übrigens nicht mehr hinreichend stabil, sie zerfallen in kurzer Zeit schon selbst durch radioaktive Umwandlungen.[1])

Beschränken wir uns also zunächst auf U-235:

Beschießt man U-235 mit einem Neutron, so spaltet sich der Kern in meist zwei Bruchstücke (größere Kerne) und einige Neutronen.

---

[1]) Wie bereits bemerkt, erwartet man aufgrund theoretischer Überlegungen bei *erheblich* höheren Atomgewichten wieder eine Zunahme der Stabilität und damit Zunahme der Lebensdauer.

Die Aufteilung in diese zwei größeren Bruchstücke ist jedoch nicht zwangsläufig. Abb. 10 gibt die Häufigkeitsverteilung der beiden Bruchstücke an. Natürlich gehören immer diejenigen Kerne zusammen, deren Nukleonenzahlsumme plus der frei werdenden Neutronenzahl gleich $235 + 1 = 236$ ist.

Am wahrscheinlichsten entstehen also Xe-140 und Sr-93 plus 3 Neutronen.

Die Energiebilanz für diese Spaltung ergibt sich aus der Kurve für die Bindungsenergie pro Nukleon und sieht folgendermaßen aus:

	$140 \times 8{,}3$ MeV für Xe-140	1162 MeV
	$93 \times 8{,}6$ MeV für Sr-93	800 MeV
	Summe	1962 MeV
abzüglich		
	$235 \times 7{,}5$ MeV für U-235	1763 MeV
		199 MeV

Im statistischen *Mittel* über viele Spaltungsprozesse von U-235 werden pro gespaltenem U-235 frei:

200 MeV und 2,5 Neutronen.

Jedes der Neutronen hat eine wahrscheinlichste kinetische Energie von 1,3 MeV.

Die genaue Form des Energiespektrums der bei der Spaltung von U-235 frei werdenden Neutronen wird durch die sogenannte Wattsche Gleichung beschrieben:

$$n(E) = \underbrace{\sqrt{\frac{2}{\pi \cdot e}}}_{= 0{,}484} \sinh \sqrt{2E}\, \mathrm{e}^{-E}\, \mathrm{d}E \qquad (E \text{ in MeV}).$$

Die Größe $n(E)$ gibt dabei den Anteil der Neutronen, bezogen auf eines der im Mittel frei werdenden 2,5 Neutronen, an, die eine Energie zwischen E und $(E + \mathrm{d}E)$ besitzen. Abb. 11 zeigt den graphischen Verlauf dieser Funktion. Dabei kann bereits hier erwähnt werden, daß die analogen Energiespektren der bei der Spaltung von

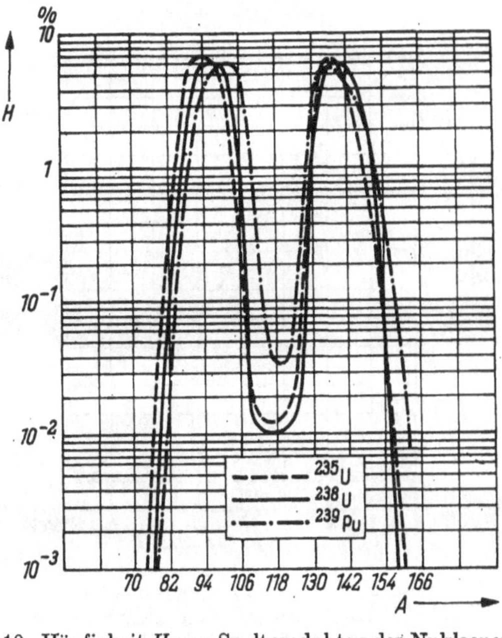

Abb. 10. Häufigkeit H von Spaltprodukten der Nukleonenzahl A bei der Kernspaltung von $^{235}_{92}U$, $^{238}_{92}U$ und $^{239}_{94}Pu$

U-233 und Pu-239 frei werdenden Neutronen nur geringfügig verschieden sind, eine Angabe, die für diese künstlichen Spaltmaterialien (vgl. weiter unten) von Interesse ist.

Von den 2,5 Neutronen pro Spaltung sind 0,75% sogenannte „verzögerte“ oder „verspätete“ Neutronen noch nicht sofort frei, sondern entstehen aus einer Art künstlicher Radioaktivität der Spaltprodukte. Diese

Spaltprodukte haben nämlich zunächst noch keine stabile Kernzusammensetzung (zu viele Neutronen im Kern; Isotope, die nicht stabil sind; vgl. Abb. 1 oder 2). Mit Hilfe dieser Neutronenaktivität wandeln sie sich in stabile Spaltendprodukte um. Diese Neutronen werden

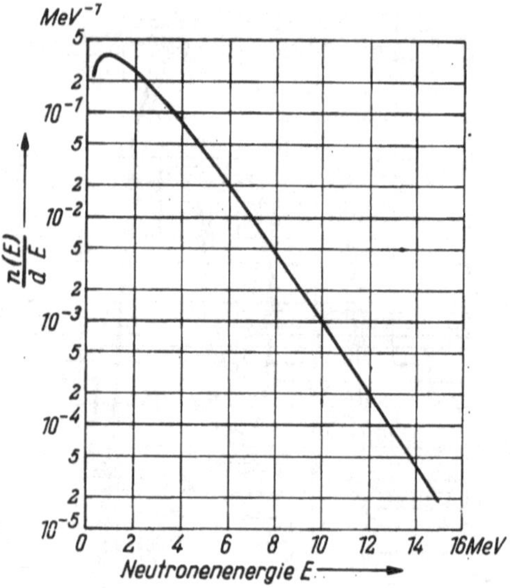

Abb. 11. Energiespektrum der prompten Spaltneutronen von U-235: Relative Anzahl von Neutronen pro MeV Energieintervall als Funktion der Neutronenenergie

also nicht sofort bei der Spaltung, sondern verzögert frei. Da die Zahl 2,5 jedoch netto alle Neutronen pro Spaltungsakt umfaßt, sind sie *dabei* mitgezählt. Diese verspäteten Neutronen (0,1 s bis 1 min. später) spielen eine entscheidende Rolle bei der Steuerung von Kernreaktoren.

Die Folgeprodukte der Spaltung emittieren nicht nur Neutronen, sondern auch andere radioaktive Strahlung und wandeln sich auf diese Weise in stabile Spaltendprodukte um, z. B. unter Emission von β-Strahlung bei dieser speziellen Spaltungs-„Reaktion“ von U-235:

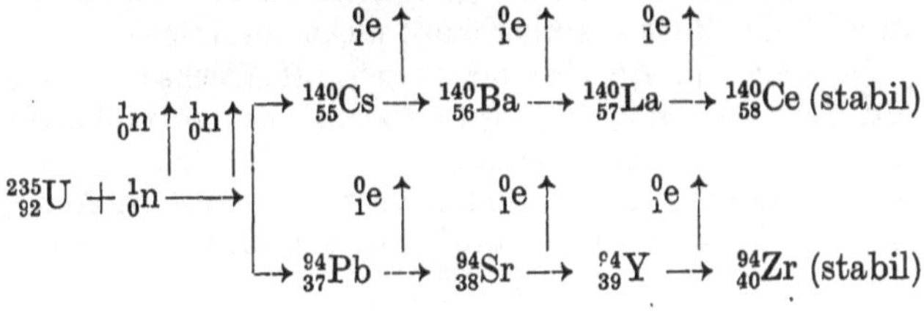

Im Mittel verteilt sich die Energie von aufgerundet 200 MeV, die im Mittel pro Spaltung frei wird, wie folgt:

Kinetische Energie der Spaltstücke zusammen	170 MeV[1])
Kinetische Energie der Neutronen	5 MeV
γ-Strahlung (unmittelbar bei der Spaltung)	5 MeV
Radioaktive Strahlung der Spaltprodukte	10 MeV
Energie der Neutrinos	10 MeV

oder, anders ausgedrückt:

1 kg Uran-235 ergibt vollständig gespalten:

989 g	Spaltprodukte (Atomkerne)
10 g	Neutronen
0,88 g	kinetische Energie (Spaltprodukte einschließlich Neutronen)
0,02 g	γ-Photonen (prompte Strahlung)
0,10 g	übrige radioaktive Strahlung einschließlich Neutrinos

Hinsichtlich der im Reaktor selbst freigesetzten Energie pro Spaltungsakt ist zu berücksichtigen, daß der Energiebetrag von 10 MeV, der in der Neutrinostrahlung enthalten ist und in dieser Form bei der radioaktiven β-

[1]) Davon entfallen etwa 100 MeV auf die leichtere Gruppe der Spaltstücke und etwa 70 MeV auf die schwerere.

Strahlung der Spaltprodukte auftritt, aus dem Reaktor völlig herausgetragen wird. Die Neutrinos sind nämlich von ungeheuerer Durchdringungsfähigkeit, sie werden im Bereich des Reaktors überhaupt nicht absorbiert.

Neutrinos haben eine derart geringe Wechselwirkung mit Materie, daß ihr Absorptionskoeffizient unvorstellbar klein ist. Die Reichweite der Neutrinos (= Reziprokwert ihres Absorptionskoeffizienten) beträgt selbst in festen Körpern hoher Massendichte (z. B. Erdreich oder Beton) mehrere Lichtjahre!

Andererseits ist hinsichtlich der technisch nutzbaren Energiefreisetzung im Reaktor zu erwähnen, daß durch die Spaltneutronen außer ihrer kinetischen Energie dann nochmals Energie produziert wird, wenn sie durch Einfang eine Kernreaktion hervorrufen und dabei ein Teil der dortigen Anlagerungsenergie verfügbar wird. Im Mittel kann auf diese Weise mit einer zusätzlichen nutzbaren Energie von etwa 10 MeV pro Spaltung gerechnet werden, womit der Verlust der Neutrinoenergie kompensiert wird und es im Reaktor bei einer pro Spaltung von U-235 frei werdenden Energie von den angegebenen 200 MeV bleibt.

Letztlich wird also, wie bereits hinsichtlich der „Heizkraft" von 1 kg U-235 ausgeführt, nur 1 g an Energie frei, die sich bestenfalls in Wärme umwandeln und so zur Dampferzeugung nutzbar machen läßt. Hinsichtlich der Energiebilanz des Brennstoffs bezüglich der Stromerzeugung wäre dann noch mit dem Wirkungsgrad der verwendeten Dampfturbinensätze und Generatoren zu multiplizieren.

4.2.2. *Einleitung der Spaltung*

Die Spaltung wird erst möglich, wenn dem Kern U-235 eine sogenannte Aktivierungsenergie zugeführt ist. Mit Hilfe dieser geht der Kern in einen angeregten Zustand über, aus dem er unter Spaltung zerfällt.

Erfolgt die Anregung mit Neutronen, so bildet sich als Zwischenkern des angeregten Zustandes aus U-235 zunächst U-236.

Für U-235 beträgt die notwendige Aktivierungsenergie 7,5 MeV und ist damit relativ niedrig, denn U-235 ist ein weniger stabiler gu-Kern.

Vergleichsweise beträgt die Aktivierungsenergie

bei $^{232}_{90}Th$ . . . . 8,9 MeV (gg-Kern!)
$^{238}_{92}U$ . . . . 8,2 MeV (gg-Kern!)

Die Aktivierungsenergie wird dem Kern zugeführt

a) mit Hilfe der kinetischen Energie des (Geschoß-) Neutrons,

b) durch frei werdende Bindungsenergie des Neutrons bei seiner Anlagerung.

Aus der Kurve für die Bindungsenergie pro Nukleon ist ersichtlich, daß beim U-235 die Neutronenanlagerung 7,5 MeV erbringt.

Damit gelingt beim U-235 die Spaltung auch dann, wenn das Neutron keine (nennenswerte) kinetische Energie besitzt, also auch mit „thermischen" Neutronen ($E_{kin} = kT$; kT bei Zimmertemperatur etwa 1/40 eV).

Bei Th-232 und U-238 muß das Neutron noch eine kinetische Energie von mindestens 1,4 MeV bzw. 0,7 MeV besitzen.

Da die bei der Spaltung frei werdenden Neutronen im Mittel auch hier eine kinetische Energie von 1,3 MeV besitzen, ist bei diesen Substanzen theoretisch wenigstens eine Kettenreaktion möglich, d. h., die bei der Spaltung freigesetzten Neutronen können ihrerseits weitere Spaltungen einleiten.

Praktisch jedoch führt nicht jeder Stoß eines Neutrons mit 1,3 MeV kinetischer Energie zu einer Spaltung, sondern es gibt auch Prozesse, die lediglich einen Verlust an kinetischer Energie bedeuten (elastischer Stoß, Anregung mit nachfolgender Rückkehr in den Grundzustand unter γ-Strahlungsemission usw.). Selbst wenn U-238 als reines Isotop vorläge (bzw. Th-232), würden diese Energieverluste im eigenen Material bewirken, daß viele Neutronen doch nicht mehr eine sekundäre Spaltung initiieren können (die 1,3 MeV überragen die mindestens erforderliche kinetische Energie nur wenig). Prozentual ist diese Abbremsung so wirksam, daß pro gespaltenes Atom nur weniger als 1 Neutron eine neue Spaltung hervorruft. Damit ist eine beständige Kettenreaktion nicht möglich, denn dazu bedarf es eines Multiplikationsfaktors $k \geqq 1$.

Andere Kerne als U-235, U-238 und Th-232 erfordern eine noch größere Aktivierungsenergie, so daß die frei werdenden Neutronen überhaupt nicht sekundär spalten können.

Hieraus folgt die schon oben festgestellte Tatsache, daß U-235 der einzige natürlich vorkommende Kern ist, in dem sich eine *Kettenreaktion* aufrechterhalten läßt.

4.2.3. *Der „kritische" Zustand*

5.2.3.1 Kritische Größe und Wirkungsquerschnitt

Soll in spaltbarem Material eine Kettenreaktion stationär ablaufen, so ist dazu eine ganz bestimmte Mindestmenge (bzw. Mindestmasse) — man spricht von „kritischer Masse" — erforderlich, die ihrerseits auch von der vorgegebenen geometrischen Anordnung des Spaltmaterials abhängt. Es ist einzusehen, daß der für die stationäre Kettenreaktion in der vorgegebenen Menge notwendige Vermehrungsfaktor (Zahl der sekundären Spaltungen in dem System, dividiert durch die Zahl der primären Spaltungen) nur dann den Wert Eins erreicht, wenn im Mittel von den bei der Spaltung von einem U-235-Kern im Mittel frei werdenden 2,5 Neutronen *eines* wieder zur Spaltung führt.

Ist die Masse des Spaltmaterials zu klein oder die Geometrie zu ungünstig (z. B. in der Form einer flachen Tafel) so entweichen im Mittel mehr als 1,5 von den 2,5 Neutronen, und die Kettenreaktion kann nicht aufrechterhalten werden.

Ist andererseits die so definierte „kritische" Masse in einem Reaktor beisammen, so ist auch, wie man sich ausdrückt, der Reaktor „kritisch", die Kettenreaktion erhält sich stationär.

Ein Verlust von Neutronen für die sekundären Spaltungen geschieht jedoch nicht nur durch das Entweichen in den Außenraum, in dem kein Spaltmaterial mehr vorhanden ist, sondern auch durch Neutronenabsorption, d. h. z. B. durch Kernreaktionen, die durch Neutronen ausgelöst werden und zu anderen Isotopen oder auch über weitere Umwandlungsprozesse zu neuen Elementen führen. Für die Neutronenbilanz in Hinsicht auf die *Spaltung* sind diese Neutronen verloren.

Um die kritische Masse an Spaltmaterial (bei gegebener Konfiguration) angeben zu können, bedarf es der Kenntnis

a) der Reichweite der Neutronen im Spaltmaterial, um feststellen zu können, ob nicht zu viele Neutronen entweichen, und

b) des Verhältnisses der Wahrscheinlichkeiten für ein Neutron, entweder zu einer erneuten Spaltung zu führen oder durch „Störprozesse" weggefangen, d. h. absorbiert zu werden.

Für die Berechnungen, die im einzelnen bei einer gegebenen Konfiguration mathematisch sehr aufwendig sein können, werden auf jeden Fall die für das Spaltmaterial stoffspezifischen Größen benötigt, die die Reichweite und das „Wirkungsverhältnis" angeben.

Diese stoffspezifischen Größen sind in dem Oberbegriff des Wirkungsquerschnittes σ zusammengefaßt. Der Wirkungsquerschnitt hat, wie der Name bereits ausdrückt, die Dimension einer Fläche. Im Bereich der Kernphysik ist es üblich (aus praktischen Gründen), die Angaben für den Wirkungsquerschnitt nicht auf die Einheit des Quadratmeters zu beziehen, sondern auf eine neu definierte Flächeneinheit von 1 barn $= 10^{-24}$ cm^2.

Der Wirkungsquerschnitt und die Dichte der Reaktionspartner geben für einen ganz bestimmten (!) ins Auge gefaßten Prozeß die Wahrscheinlichkeit an, daß ein Teilchen, das in einer definierten Richtung durch das Material hindurchfliegt, pro Weglängeneinheit eben diesen Prozeß oder diese „Wirkung" hervorruft. Diese Definition gilt allgemein und auch in anderen Bereichen der Physik [z. B. Elektronenstrahlextinktion in Materialien (Experimente von LENARD) oder Streuung von α-Teilchen an Atomkernen (Experimente von RUTHERFORD)].

Die Bedeutung des Wirkungsquerschnittes ist am einsichtigsten, wenn man ihn auf reine Stoßprozesse anwendet und für ein anfliegendes Teilchen die Gesetzmäßigkeiten aufsucht, gemäß derer es durch Stoß aus seiner Bahn geworfen wird. Der Wirkungsquerschnitt wird hier anschaulich zum Stoßquerschnitt, und für einen Teilchenstrom in dem betreffenden Medium, das pro Volumeneinheit N Stoßpartner darbietet, ergibt sich ein durch σ und N bestimmtes Abklinggesetz, das die Abnahme des Teilchenstromes längs des zurückgelegten Weges bestimmt. Das Abklinggesetz hat die Form eines Exponentialgesetzes, und darin bestimmen allein Stoßquerschnitt (bzw. Wirkungsquerschnitt) und Dichte der Stoßpartner das Maß der Teilchenreduzierung, das wiederum üblicherweise mit Hilfe der sogenannten „Reichweite" angegeben wird. Reichweite ist diejenige Strecke, über der sich der Teilchenstrom auf den e-ten Teil reduziert hat.[1])

---

[1]) Ergibt sich, wie z. B. im Bereich der radioaktiven α-Strahlung (vgl. weiter unten), aus sekundären Gründen kein exponentielles Abklinggesetz für einen Teilchenstrom, so wird unter „Reichweite" auch diejenige Strecke verstanden, die bis zum

Diese Zusammenhänge lassen sich folgendermaßen ableiten:

Die Trefferwahrscheinlichkeit ist bei dem im atomaren Bereich immer als statistisch aufzufassenden Beschuß (d. h. jeder Teil der „Zielfläche“ F wird im zeitlichen Mittel gleich häufig getroffen) augenfälligerweise gleich dem Verhältnis von (dargebotener) Zielscheibenfläche S zu (gesamter) Zielfläche F:

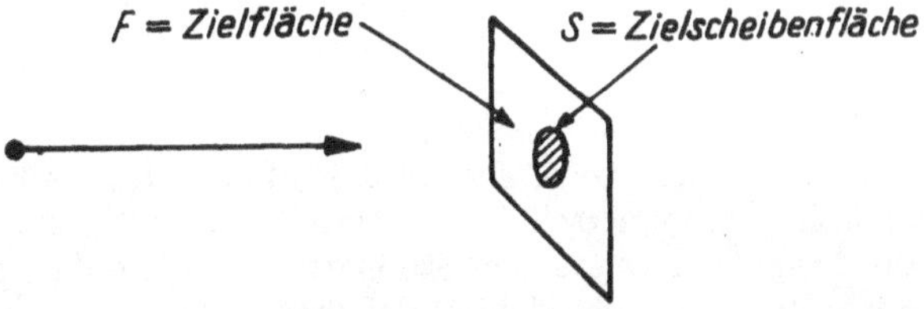

Die Trefferwahrscheinlichkeit gibt die Wahrscheinlichkeit für ein anfliegendes Teilchen an, seinen „Kontrahenten“ zu treffen und damit entweder auszuscheiden (durch Ablenkung oder etwa auch durch Absorption, d. h. Steckenbleiben) oder mit ihm in Reaktion zu treten. Im vorliegenden Fall wäre es also die Wahrscheinlichkeit für ein anfliegendes Neutron in einer Masse von reinem U-235, einen solchen U-235-Kern zu treffen.

Hat der Stoßpartner den sogenannten „mikroskopischen Stoßquerschnitt“ σ, der im Modellfall glatter

---

totalen Energieverlust durch das Teilchen zurückgelegt werden muß.

In ähnlicher Weise kann als charakteristische Distanz bei einem Partikelstrom auch die Entfernung für die Reduzierung der Strahlungsintensität auf die Hälfte angegeben werden.

Die jeweilige Definition der „Reichweite“ ist in jedem Fall bei quantitativen Angaben zu beachten.

Von der reinen Exponentialfunktion abweichende Abklinggesetze ergeben sich insbesondere, wenn der Stoß- (oder Wirkungs-) Querschnitt selbst energieabhängig ist und damit eine Funktion des im Absorber zurückgelegten Weges wird.

Kugeln mit der Querschnittsfläche identisch wäre, und sind in der Volumeneinheit N Stoßpartner vorhanden, so ist die Trefferwahrscheinlichkeit eines anfliegenden Teilchens, das gegen eine Schicht des Mediums von der Fläche F und der (infinitesimalen) Dicke $\mathrm{d}x$ anfliegt, auf dieser Strecke $\mathrm{d}x$ gegeben durch[1]):

$$\begin{array}{l}\text{Trefferwahrscheinlichkeit} \\ \text{auf der Strecke } \mathrm{d}x\end{array} = \frac{\text{Zielscheibenfläche}}{\text{Zielfläche}} = \frac{\sigma N F \,\mathrm{d}x}{F},$$

denn die Zielscheibenfläche wird jetzt aus dem mikroskopischen Stoßquerschnitt σ, multipliziert mit der Anzahl der sich darbietenden Stoßpartner ($= NF\,\mathrm{d}x$), gebildet. Man kann sich die im Volumen $F\,\mathrm{d}x$ enthaltenen Einzelstoßquerschnitte auch nach vorn auf eine Ebene projiziert denken (vgl. die Skizze):

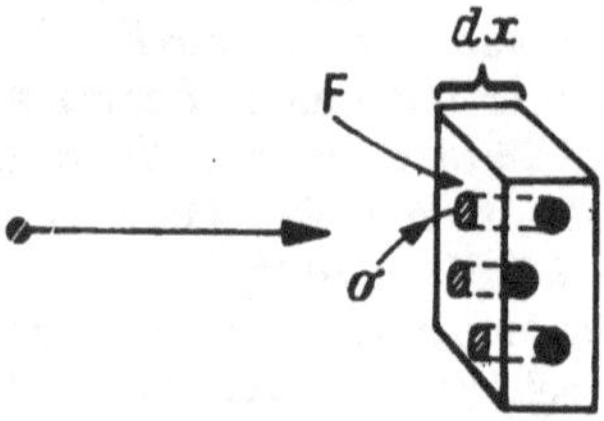

Dividiert man die Trefferwahrscheinlichkeit durch die Wegstrecke $\mathrm{d}x$, so erhält man die Trefferwahrscheinlichkeit pro Weglängeneinheit. Diese Größe (σN) bezeichnet man — im Gegensatz zum *mikroskopischen* Stoßquerschnitt — als den *makroskopischen* Stoßquerschnitt.

---

[1]) Die anfliegenden Teilchen sind als Geschosse punktförmig zu denken. Bei eigener endlicher Ausdehnung vergrößert man dafür den Stoßquerschnitt der Stoßpartner entsprechend.

Bezieht man die Trefferwahrscheinlichkeit nicht auf den Stoß, sondern auf das Eintreffen einer bestimmten Reaktion oder Wirkung an oder mit dem Stoßpartner, so nennt man den Stoßquerschnitt allgemeiner „Wirkungsquerschnitt". Er kann durchaus von der mechanischen Querschnittsfläche abweichen, wie bei manch anderen „anziehenden Objekten" z. B. in der menschlichen Sphäre. – Der Wirkungsquerschnitt kann auch kleiner als die mechanische Querschnittsfläche sein! Das hängt ganz von der betrachteten Einzelwirkung ab, auf die sich der Wirkungsquerschnitt beziehen soll. Ein Sportwagen kann von vielen Menschen gekannt sein (großer Wirkungsquerschnitt bezüglich ausschließlich einer Information über ihn), bezüglich der „Kaufreaktion" kann der Wirkungsquerschnitt jedoch gleichzeitig sehr klein sein, da der Preis relativ zu hoch ist.

Kehren wir zu den Fragen der Reichweite, die vom Wirkungsquerschnitt bestimmt ist, zurück.

Die Wahrscheinlichkeit für das anfliegende Teilchen, auf der Strecke $\mathrm{d}x$ zu stoßen, war gegeben durch das Produkt $(\sigma N)\,\mathrm{d}x$.

Die Wahrscheinlichkeit, *nicht* zu stoßen, also weiterzufliegen, ist damit gegeben durch $(1 - \sigma N\,\mathrm{d}x)$.[1]

Gesucht ist die Funktion $f(x)$, die angibt, wie groß die Wahrscheinlichkeit für ein Teilchen ist, über eine länger dimensionierte, d. h. nicht infinitesimale Strecke x stoßfrei zu gelangen.

Diese Funktion ergibt sich in der folgenden Weise aus einer Integration, wenn man die gesuchte Funktion zunächst in der unbestimmten Form $f(x)$ einsetzt.

Nach den Gesetzen der Wahrscheinlichkeitsrechnung ist nämlich die Wahrscheinlichkeit eines Teilchens, stoß-

[1] Die Wahrscheinlichkeiten sind auf Eins normiert, d. h., ihr Wert liegt stets zwischen 0 und 1 (1 = Gewißheit). Sollte obiger Ausdruck negativ werden, so ist dies durch eine hinreichende Verkleinerung der infinitesimalen Wegstrecke $\mathrm{d}x$ zu vermeiden.

frei über die Strecke $(x + \mathrm{d}x)$ zu kommen, gegeben durch das Produkt der Einzelwahrscheinlichkeiten, über x und über $\mathrm{d}x$ hinwegzukommen:

$$f(x + \mathrm{d}x) = f(x)\,(1 - \sigma N\,\mathrm{d}x).$$

Durch mathematische Entwicklung der linken Seite bis zur 1. Ordnung erhält man

$$f(x) + \frac{\mathrm{d}f(x)}{\mathrm{d}x}\,\mathrm{d}x = f(x) - f(x)\,\sigma N\,\mathrm{d}x.$$

Es bleibt

$$\frac{\mathrm{d}f(x)}{\mathrm{d}x} = -\sigma N\; f(x).$$

Die Integration

$$\int \frac{1}{f(x)}\,\mathrm{d}f(x) = -\sigma N \int \mathrm{d}x$$

ergibt

$$\ln f(x) = -\sigma N x + \mathrm{const}.$$

Eine Umformung liefert mit der jetzt multiplikativen Konstanten c das gesuchte Gesetz für die Funktion $f(x)$ in der Form einer Exponentialfunktion:

$$f(x) = c\,\mathrm{e}^{-\sigma N x}.$$

Die Konstante c bestimmt sich aus der selbstverständlichen Bedingung, daß $f(x) = 1$ sein muß, wenn die Wegstrecke $x = 0$ beträgt (Wahrscheinlichkeit, über die Distanz Null zu kommen, $= 1 =$ Gewißheit). Aus dieser Bedingung ergibt sich durch Einsetzen: $c = 1$ und damit die vollständige Funktion

$$f(x) = \mathrm{e}^{-\sigma N x}.$$

So ist die „Durchkomm"-Wahrscheinlichkeit für ein anfliegendes Teilchen gegeben. Sie verringert sich exponentiell mit wachsender Entfernung x. Fliegen an der Stelle $(x = 0)$ n_0 Teilchen pro Sekunde an (Teilchenstrom

$I_0 = n_0/\mathrm{s}$), so nimmt der Teilchenstrom I im gleichen Sinne wie die „Durchkomm"-Wahrscheinlichkeit des Einzelteilchens über x exponentiell ab:

$$I = I_0 \mathrm{e}^{-\sigma N x}.$$

Der Teilchenstrom fällt über der als „Reichweite" definierten charakteristischen Strecke $x_{1/\mathrm{e}} = 1/\sigma N$ auf den e-ten Teil ab.

Die Größe (σN) bezeichnet man außer als den makroskopischen Wirkungsquerschnitt auch als den (phänomenologischen) Extinktionskoeffizienten K, der in Übereinstimmung mit (σN) die Dimension einer $(\text{Länge})^{-1}$ hat.

$1/K = 1/(\sigma N)$ hat, wie hier nicht bewiesen werden soll, nicht nur die Bedeutung der Wegstrecke für den Abfall des Teilchenstroms auf den e-ten Teil, sondern auch gleichzeitig die Bedeutung der sogenannten „mittleren freien Weglänge", d. h. des arithmetischen Mittelwertes aller vorkommenden freien Flugstrecken der anfliegenden Teilchen bis zu ihrem ersten Stoß, ab: $x = 0$.

Existieren mehrere Ursachen für das Ausscheiden der anfliegenden Teilchen durch Wechselwirkung mit dem gleichen Stoßpartner, so muß man hinsichtlich *einer* Ursache einen *diesbezüglichen* mikroskopischen und dann auch makroskopischen Teilstoßquerschnitt (auch *partieller* Stoßquerschnitt genannt) unterscheiden. Die Summe aller Teilstoßquerschnitte ergibt den (mikroskopischen oder makroskopischen) sogenannten „totalen Stoß- bzw. Wirkungsquerschnitt".

Der Teilchenstrom reduziert sich dann insgesamt (total) nach der Formel

$$I = I_0 \mathrm{e}^{-(\sigma_1+\sigma_2+\cdots)Nx}; \quad \sigma_{1,2,3,\ldots} = \text{Teil-Stoßquerschnitte.}$$

Sind in dem Medium mehrere Sorten von Stoßpartnern $(a, b, c, \ldots)$ vorhanden, so erweitern sich die Betrachtungen analog auf jede Sorte. Wird z. B. summarisch das Ausscheiden und das dadurch bedingte Abklingen des

Teilchenstromes betrachtet, so addieren sich alle auf die einzelnen Stoßpartner und ihre im einzelnen vorliegenden Volumendichten bezogenen Extinktionskoeffizienten:

$$I = I_0\, e^{-[(\sigma_{1a}+\sigma_{2a}+\cdots)N_a+(\sigma_{1b}+\sigma_{2b}+\cdots)N_b+\cdots]x}.$$

Wendet man diese allgemeinen, aber zur Begriffsklärung der Wirkungsquerschnitte fundamentalen Betrachtungen auf das Problem der Neutronenbilanz und der kritischen Masse in Reaktoren an, so ist festzustellen, daß zunächst der *totale* Wirkungsquerschnitt für die Absorption von Neutronen deren Reichweite im Brennstoffmaterial bestimmt und damit die Frage nach der Zahl der aus dem Brennstoffmaterial entweichenden Neutronen beantwortet.

Zur Beurteilung des Multiplikationsfaktors ist, wie bereits angedeutet, ferner die Kenntnis wichtig, in welchem statistischem Verhältnis, d. h. mit welcher statistischen Wahrscheinlichkeit, Neutronen entweder wieder zur Spaltung führen oder durch andere Prozesse weggefangen werden. Das Wahrscheinlichkeitsverhältnis wird, wie die Ausführungen gezeigt haben, nun gerade durch das Verhältnis der makroskopischen Teilwirkungsquerschnitte bestimmt bzw. bei Brennstoffmaterial aus *einer* Isotopensorte (z. B. reinem U-235) durch das Verhältnis der mikroskopischen Teilquerschnitte (da die Dichte des Stoßpartners in beiden Fällen — *Spaltung* von U-235 oder *andersartige* Neutronen*absorption* am U-235 z. B. durch Kernreaktion — die gleiche ist).

Selbst wenn demnach das Verhältnis der Teilquerschnitte für die Neutronenprozesse am U-235 ideal günstig wäre, d. h. Neutronenabsorption ausschließlich durch die erwünschte *Spaltungs*reaktion erfolgte, so ist immer noch eine bestimmte kritische Masse an U-235 notwendig, um die Kettenreaktion erhalten zu können. Denn bei zu kleiner Masse entweichen nach Aussage der durch den — in diesem Fall mit dem Spaltungswirkungsquerschnitt identischen — totalen Wirkungsquerschnitt gegebenen Reichweite zu viele von den 2,5 Neutronen (nämlich mehr als im Mittel 1,5) aus dem Massenbereich des Spaltmaterials.

Es ist verständlich, daß es bei der Entwicklung von Kernreaktoren (und Atombomben) zunächst entscheidend darauf ankam, alle in Frage kommenden Teilwirkungsquerschnitte zu kennen, um die kritischen Massen berechnen und den minimalen Bedarf an spaltbarem Material angeben zu können. Der minimale Bedarf an U-235 z. B. bestimmte dann in höchst wichtiger Weise das Produkt aus der Leistungsfähigkeit der zu erstellenden Isotopentrennanlage und der Zeit, in der die erste kritische Masse zur Verfügung stand. An die Dramatik dieser Konkurrenz von Aufwand und Zeit im 2. Weltkrieg darf vielleicht erinnert werden!

Abb. 12 gibt den totalen Wirkungsquerschnitt für die Absorption und den Teilwirkungsquerschnitt für die Spaltung für Neutronen in U-235 in Abhängigkeit von der kinetischen Energie der Neutronen wieder.

Heisenberg hat 1951 eine Abschätzung publiziert, gemäß der reines U-235 eine kritische Masse (in Kugelform) von etwa 50 kg hat. Das wäre wegen der hohen Massendichte bzw. des hohen spezifischen Gewichtes von U-235 eine Kugel von (nur) 8,5 cm (!) Durchmesser. Die „klassische" Atombombe hatte etwa diese Dimension. Die „Zündung" erfolgte einfach durch Geometrieveränderung, d. h. durch das Zusammenführen zweier mindestens halber und für sich getrennt jedoch noch nicht kritischer Massen. Die Masse an U-235 war nach dem Zusammenführen natürlich „überkritisch", die Leistung stieg mit einem Vermehrungsfaktor k größer als 1 explosionsartig an.

Heute, nachdem derartige Angaben weniger der Geheimhaltung bedürfen, sind exakte Zahlenangaben für die kritischen Massen veröffentlicht. Danach[1]) beträgt die kritische Masse von U-235 22,8 kg und für Plutonium-239 (vgl. weiter unten) sogar nur 5,6 kg.

---

[1]) Nach: Peterson und Wymer, Chemistry in Nuclear Technology. J. Pergamon Press, New York -Oxford—London 1963.

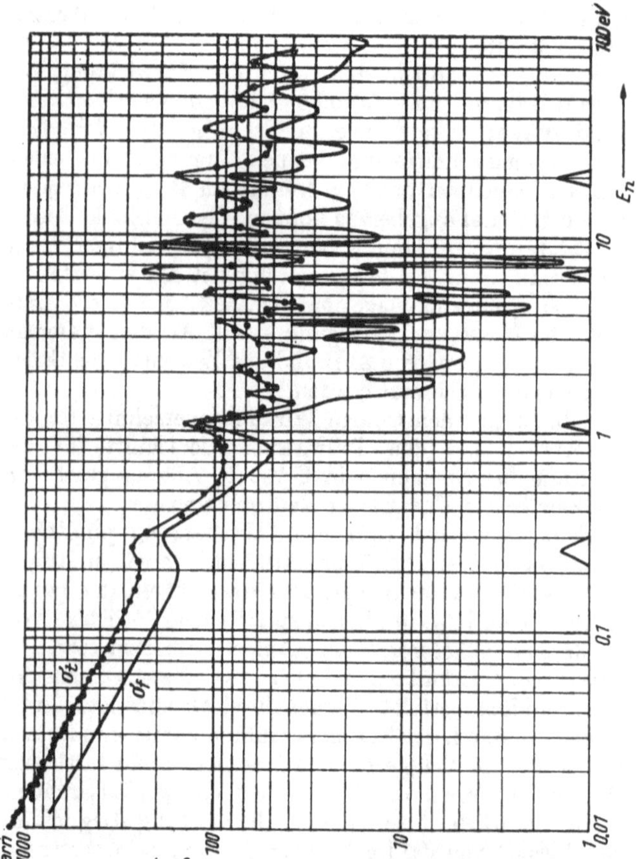

Abb. 12.
Mikroskopischer, d. h. atomarer Wirkungsquerschnitt σ_f für Spaltung und totaler Wirkungsquerschnitt σ_t von ${}^{235}_{92}U$ in Abhängigkeit von der Neutronenenergie E_n

4.2.3.2. Spaltung mit langsamen Neutronen. Moderator. Reaktorgifte

Da das reine Spaltmaterial U-235 teuer ist, sucht man nach Wegen, die kritische Masse möglichst klein zu halten.

Zunächst stellt man experimentell fest, daß der Teilwirkungsquerschnitt für die Spaltung von U-235 mit abnehmender kinetischer Energie der Neutronen erheblich zunimmt (Abb. 12).

Bei thermischen Neutronen (bei Zimmertemperatur entspricht dem ein $kT = 1/40$ eV) beträgt der Wirkungsquerschnitt σ etwa 500 barn.

Der Wirkungsquerschnitt folgt im allgemeinen bezüglich der Abhängigkeit von der Neutronenenergie der Formel (Breit, Wigner)

$$\sigma \approx \frac{1}{\sqrt{E_{\text{kin}}}}.$$

Zusätzlich erscheinen jedoch bei gewissen Energien „resonanzartige" Strukturen des Wirkungsquerschnittes aufgrund der Aktivierung des Kerns zur Spaltung von einem diskreten Energieniveau aus, wobei der Neutronenenergie offenbar genau eine dem Kern eigene Energiedifferenz entspricht. „Paßt" in diesem Sinne die Neutronenenergie mit dem Kernzustand von U-235 zusammen, so ist die Wahrscheinlichkeit für den Spaltungsakt vergrößert. Dies drückt sich, der Bedeutung des Wirkungsquerschnittes entsprechend, in einem relativen Maximum des Spaltwirkungsquerschnittes bei dieser Neutronenenergie aus.

In Analogie zu den Erscheinungen der Spektroskopie von Atomen (Vorgänge in der Atomhülle) spricht man bei diesen Selektivitäten im Verlauf des Wirkungsquerschnittes auch von „Resonanz"-Einfang.

Solche Resonanzeinfänge existieren auch bei Einfängen *ohne* Spaltung, d. h. im Verlauf der Teilwirkungsquerschnitte für bestimmte Kernreaktionen. Auf diese Weise treten Resonanzstrukturen im totalen σ auf, ohne im Teilwirkungsquerschnitt für die *Spaltung* zu erscheinen (siehe Abb. 12).

Die Energieabhängigkeit des partiellen Wirkungsquerschnittes für die Spaltung (Abb. 12) lehrt also, daß man die kritische Masse reduzieren kann, wenn man vorwiegend nur möglichst langsame Neutronen zur Spaltungsreaktion bringt.

Man wird die Neutronen abzubremsen versuchen, soweit es geht. Natürlich kann die kinetische Energie der Neutronen nicht kleiner werden, als es der BOLTZMANN-Verteilung[1]) von Teilchen entspricht, die die Temperatur ihrer Umgebung angenommen haben. Die punktförmigen Neutronen besitzen (vgl. oben) dann eine mittlere thermische Energie von $(3/2)kT$, und man spricht von „thermischen" Neutronen.[2]) Bei einer Betriebstemperatur des Reaktors von 700 °C beträgt die mittlere thermische Energie eines Neutrons entsprechend etwa 0,08 eV.

Die Abbremsung der Neutronen von ihren im Mittel 1,3 MeV kinetischer Energie im U-235, also im Spaltmaterial selbst, ist weniger günstig, da die Neutronen dann den Energiebereich „passieren", in dem sie aufgrund nicht zur Spaltung führender Prozesse weggefangen

---

[1]) Für Neutronen als Teilchen mit dem Spin 1/2 gilt, wie für Elektronen, an sich die FERMI-DIRAC-Statistik und damit die FERMI-Verteilung für ihre Energieverteilung. Bei geringen Teilchendichten geht diese in die BOLTZMANN-Verteilung über.

Die FERMI-Statistik wird für Neutronen erst benötigt, wenn man z. B. Materie hohen Drücken von über 10^{13}N/m^2 aussetzt und auf diese Weise hohe Teilchendichten für die Neutronen schafft.

[2]) Neben thermischen Neutronen unterscheidet man auch sogenannte „epithermische" Neutronen, deren Energie im Bereich von 0,1 bis 10 eV und damit oberhalb des thermischen Bereichs liegt. Diese Abgrenzung ist jedoch nicht exakt definiert.

werden (vgl. die Kurve des partiellen Wirkungsquerschnittes für die Spaltung mit der des totalen Wirkungsquerschnitts für U-235 in Abb. 12).

Es ist also wesentlich günstiger, die Neutronen in einem Stoff abzubremsen (z. B. durch elastische Stöße), dessen Wirkungsquerschnitt für Neutronen*einfang* im gesamten Energiebereich der Neutronen unter 1,3 MeV möglichst klein ist (und bei dem auch keine Resonanzeinfänge stattfinden).

Materialien, die man zu diesem Zweck mit dem Spaltmaterial zusammengibt, nennt man „Moderatoren".

Da im Moderator die Abbremsung in möglichst wenigen Schritten (Stößen) erfolgen soll, um die Neutronen möglichst „rasch" über die Energien der Resonanzeinfänge ohne Spaltung des U-235 „hinüberzuretten", muß man Materialien wählen, die außer den geforderten Eigenschaften [σ (Einfang, total) klein] noch ein möglichst niedriges Atomgewicht haben, denn dann ist die Energieabgabe pro elastischem Stoß groß.

Bei einem zentralen Stoß eines Neutrons mit einem Wasserstoffatom würde es wegen der nahezu vollständigen Massengleichheit seine gesamte kinetische Energie bereits in *einem* Stoß auf das Wasserstoffatom übertragen. Wasserstoff erscheint also als idealer Moderator, ist technisch jedoch zu gefährlich zu handhaben und in Gasform von zu geringer (Atom- oder Massen-) Dichte.

In der Praxis werden als Moderator verwendet: leichtes und schweres Wasser, Beryllium, Kohlenstoff in der Form des Graphits und auch organische Stoffe wie Terphenyl, Polyphenyl, Polyäthylen u. a.

Gibt man den Moderator in großen Teilen zwischen das Spaltmaterial, so spricht man von einem *heterogenen Reaktor*, vermischt man Spaltmaterial und Moderator z. B. als Flüssigkeit, so spricht man von einem *homogenen Reaktor*. Graphit wird besonders in den heterogenen Reaktoren wegen der Möglichkeit der Formgebung als Baustein bevorzugt, umgekehrt wird Wasser speziell für homogene

Reaktoren Verwendung finden wegen der Möglichkeit, wäßrige Lösungen von Uransalzen herzustellen. Bei schwerem Wasser werden die Neutronen mit etwa 25 Stößen von 1,3 MeV auf Zimmertemperatur (bzw. Reaktortemperatur) abgekühlt. Bei der Abbremsung der Neutronen erwärmt sich der Moderator, und seine Kühlung ist erforderlich.

An die Reinheit der Moderatorsubstanzen werden z. T. sehr hohe Anforderungen gestellt, wenn es gilt, diejenigen Verunreinigungen fernzuhalten, die im allgemeinen oder bei bestimmten Neutronenenergien einen sehr großen Neutroneneinfangquerschnitt besitzen. Derartige Stoffe bezeichnet man auch als „Reaktorgifte".

Bor z. B., das sich vom Graphit nur schwer quantitativ abtrennen läßt, hat für thermische Neutronen einen Absorptionsquerschnitt von 7755 barn, während er bei Graphit selbst nur 0,0032 beträgt. Um Graphit als Moderator einsetzen zu können, muß sein Borgehalt auf weniger als $10^{-4}\%$ reduziert werden.

Reaktorgifte, die in analoger Weise die Neutronenbilanz verschlechtern und u. U. den Reaktor nicht mehr kritisch werden lassen, sitzen auch in anderen Baumaterialien des Reaktors. Metallhülsen aus Zirkonium für den Brennstoff enthalten z. B. Hafnium mit einem Absorptionswirkungsquerschnitt bis zu 10^4 barn für thermische Neutronen. Solche Reaktorgifte *entstehen* auch beim Betrieb, d. h. bei der Spaltung von U-235, notwendigerweise. Einige Spaltprodukte bzw. deren radioaktiv abgewandelte Zerfallsprodukte können dann die Kettenreaktion zum Erliegen bringen. Am stärksten wirkt diesbezüglich Xe-135, das mit 0,3% Wahrscheinlichkeit unmittelbar bei der Spaltung von U-235 auftritt und mit 5,6% Wahrscheinlichkeit über die Zerfallsreihe erscheint:

$$^{135}\mathrm{Te} \xrightarrow[2\ \mathrm{min}]{\beta^-} {}^{135}\mathrm{J} \xrightarrow[6{,}9\ \mathrm{h}]{\beta^-} {}^{135}\mathrm{Xe} \xrightarrow[9{,}1\ \mathrm{h}]{\beta^-} {}^{135}\mathrm{Cs} \xrightarrow[2{,}6\ 10^4\mathrm{a}]{\beta^-} {}^{135}\mathrm{Ba}$$

(stabil).

Diese bei der Spaltung von U-235 selbst frei werdenden Neutronenabsorber bestimmen letztlich die oben bereits erwähnte Grenze von 0,1 bis 0,3% des Abbrandes der eingesetzten U-235-Menge.

Die folgende Tabelle führt einige bei der Spaltung selbst entstehende Reaktorgifte nebst ihrer Häufigkeit (bezogen auf *eine* primäre Spaltung von U-235) und ihrem Einfangquerschnitt für thermische Neutronen auf:

	Häufigkeit (in %)	σ für Absorption thermischer Neutronen (in barn)
^{135}Xe	5,9	$2{,}7 \cdot 10^6$
^{149}Sm	1,3	$2{,}8 \cdot 10^4$
^{151}Sm	0,45	$7{,}0 \cdot 10^3$
^{155}Eu	0,03	$1{,}4 \cdot 10^4$
^{157}Gd	0,015	$1{,}6 \cdot 10^5$

Die unvermeidliche Existenz von Neutronenabsorptionsvorgängen in Reaktorbaustoffen außerhalb des Brennstoffes bestimmt die Größe der kritischen Masse maßgeblich mit.

Wenn die Menge solcher Neutronenabsorber mit der Zeit des Reaktorbetriebes anwächst, so muß bei der Berechnung der Startmenge an Spaltmaterial für einen Reaktor, der ja seinen kritischen Zustand während der Betriebszeit erhalten muß, nicht nur der eigentliche „Abbrand“, sondern auch das Anwachsen des durch die Reaktorgifte gegebenen Neutronenverlustes berücksichtigt werden.

Die Kenntnis der Neutronenabsorptionsquerschnitte aller beteiligten Materialien, ihrer Mengen und ihres Mengenwachstums gehört zu den wichtigsten Problemen zur Bestimmung der kritischen Masse bzw. des kritischen Zustandes eines Reaktors.

4.2.3.3. Der Reflektor

Die „Neutronenbilanz“ läßt sich noch verbessern, d. h. die kritische Masse noch stärker reduzieren, wenn man den Reaktor mit einem sogenannten „Reflektor“ umgibt, der dafür sorgt, daß ein Teil der Neutronen, die den Reaktorkern („Core“) mit dem Spaltmaterial doch verlassen haben, wieder dem Spaltprozeß zugeführt („reflektiert“) wird. Es handelt sich bei dem Reflektor um reine Moderatorsubstanz und bei der „Reflexion“ nicht um eine reguläre im optischen Sinn. Vielmehr erfahren die thermischen Neutronen in dem Reflektor eine derart intensive Streuung, daß die Richtungsverteilung der Neutronen sehr rasch isotrop wird. Auf diese Weise diffundiert dann ein Teil der Neutronen wieder in das Core zurück.

Die Wirksamkeit des Reflektors wird durch die „Albedo“ A (ein Begriff aus der Optik, der hier analog verwendet wird) charakterisiert:

$$A = \frac{\text{Zahl der in das Core zurückkehrenden Neutronen}}{\text{Zahl der in den Reflektor eindringenden Neutronen}}.$$

In der Praxis erreicht man etwa folgende Werte bei einer Reflektordicke von 40 cm:

H_2O (leichtes Wasser) . . .	$A = 0{,}82$
D_2O (schweres Wasser) . . .	$A = 0{,}919$
Beryllium	$A = 0{,}881$
Graphit	$A = 0{,}892$

Für die Albedo des Reflektors spielt natürlich die Geometrie der Anordnung eine Rolle. Bei den obigen Zahlen handelt es sich um zylinderförmige Reflektoren.

Abb. 13 gibt zur quantitativen Veranschaulichung der Wirksamkeit eines Reflektors in einem Querschnittsdiagramm die Neutronenflußdichte mit und ohne Reflektor wieder. Bei gleicher maximaler Neutronenflußdichte in der Mitte des Brennstoffbereichs (Spaltzone) und erheblich gesteigertem Wert in den Randzonen kann der Reaktorkern kleiner sein.

Ein Moderator und Reflektor aus D_2O ergibt für reines U-235 eine Reduzierung der kritischen Masse von 22,8 kg auf etwa 600 g!

Als absolut kleinste kritische Masse für reines U-235 galt lange Zeit der Wert von 339 g bei entsprechend

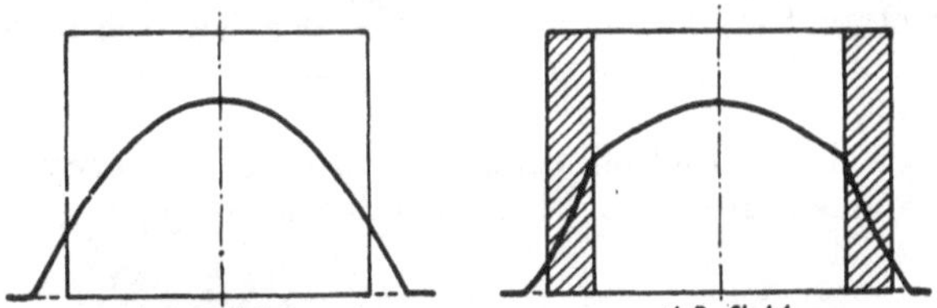

Abb. 13. Intensität des Neutronenflusses in der Spaltzone des Reaktors ohne und mit Reflektor

optimaler geometrischer Anordnung von Spaltmaterial, Moderator und Reflektor, und zwar für eine wäßrige Lösung von Urannitrat, wobei das Wasser als Moderator wirkt, in einem Neutronenreflektor aus Berylliumoxid.

Neuere Berechnungen und experimentelle Untersuchungen führten jetzt zu einer kritischen Masse von nur 242 g U-235. Dabei werden Uran-235-Folien von 0,03 mm Dicke abwechselnd mit Polyäthylenplatten von 3,2 mm Dicke als Moderator aufeinandergeschichtet; Beryllium dient auch hier als Reflektor.

4.2.3.4. Angereichertes Spaltmaterial

Bisher war nur davon die Rede, daß U-235 in *reiner* Form für die Spaltung zur Verfügung steht. Es erhebt sich die Frage, ob man sich die teure Isotopentrennung nicht ersparen und Reaktoren mit Uran in der Form des natürlichen Isotopengemisches betreiben kann.

Die Zusammensetzung des natürlich vorkommenden Urans aus den Isotopenanteilen war bereits angegeben worden:

U-238	99,27 %	
U-235	0,72 %	= 1/140 von
U-234	0,006%	100 %

Die Frage, ob das zur Spaltung allein nutzbare U-235 abgetrennt werden muß, entscheidet sich demnach an dem Einfluß, der von der Hauptmenge, nämlich vom Isotop U-238, ausgeht.

Um diesen Einfluß auf die Neutronenbilanz erkennen zu können, gibt Abb. 14 den totalen Einfangquerschnitt

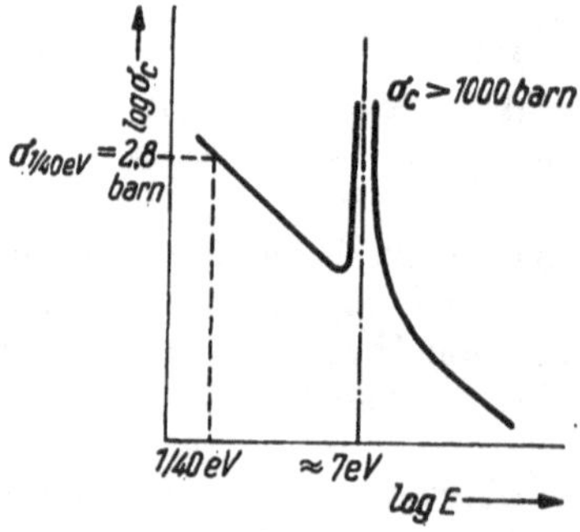

Abb. 14. Einfangquerschnitt von $^{238}_{92}U$ für langsame Neutronen

des U-238 für Neutronen in Abhängigkeit von deren Energie wieder. Wie bereits ausgeführt, kommt es innerhalb des U-238 nicht zu einer Kettenreaktion und wegen der relativ hohen für die Spaltung notwendigen Aktivierungsenergie praktisch überhaupt nur sehr selten zu einer exothermen Spaltungsreaktion an einem U-238-Kern. Insgesamt verschlechtert also U-238 die Neutronenbilanz in bezug auf die energiebringende Spaltung in U-235.

Aus dem Vergleich von Abb. 12, S. 68, und 14 ersieht man, daß, *wenn* alle Neutronen auf Zimmertemperatur *wären*, natürliches Uran eine kritische Masse (sie liegt bei 30 t) erreichen kann, denn obwohl nur 1/140 aller Atome spaltbar ist (nämlich das U-235 im Gemisch), ist das Verhältnis Spaltwirkungsquerschnitt von U-235 zu Einfangquerschnitt (ohne Spaltung) von U-238 größer (es beträgt 500 barn/2,8 barn = 180). Praktisch wird natürliches Uran ohne weitere Maßnahmen nicht kritisch bleiben, denn bei höherer Temperatur ($\approx 1000\,°K$, denn der Reaktor soll ja über Wärmeaustauscher Wärme abgeben) und damit verbundener höherer thermischer Neutronenenergie nimmt der Spaltwirkungsquerschnitt $\sigma_{U\text{-}235,\,\text{Spaltung}}$ stark ab (vgl. Abb. 12), während der Absorptionsquerschnitt von U-238 $\sigma_{U\text{-}238,\,\text{Absorption, total}}$ schwächer abnimmt und sogar bei 7 ... 10 eV zusätzlich Resonanzüberhöhungen aufweist, so daß das Verhältnis beider Wirkungsquerschnitte unter 140 abnimmt. Dann also wird jedes freie Neutron mit größerer Wahrscheinlichkeit von einem U-238-Kern weggefangen, als es an einem U-235-Kern eine neue Spaltung bewirkt.

Mit Moderator, jedoch ohne Reflektor wird Natururan nur mit schwerem Wasser als Moderator kritisch. Bei einem optimalen Verhältnis von Natururan und D_2O in homogener Mischung erreicht man einen maximalen Vermehrungsfaktor von 1,35. Bei anderen Moderatorsubstanzen liegt er stets unter 1, bei H_2O z. B. maximal bei 0,62.

Bei geeigneter Geometrie und unter Verwendung von Moderator *und* Reflektor läßt sich jedoch natürliches Uran im Reaktor in vielfältiger Konstruktionsart verwenden.

In der Praxis verwendet man allerdings in der Mehrzahl der Fälle weder reines U-235 noch natürliches Uran. Man arbeitet vielmehr als wirtschaftliches und technisches Optimum mit „angereichertem" Uran, d. h. mit Uran, in dem der Anteil von U-235 auf z. B. 20% mit Hilfe von Isotopentrennanlagen gesteigert wurde, und rüstet den Reaktor in geeigneter Weise mit einem Moderator und einem Reflektor aus.

Angereichertes Uran mit 20% U-235 kostet etwa 100000,— DM pro Kilogramm gegenüber etwa 170,— DM für natürliches Uran. Dieser Kostenvergleich demonstriert im übrigen auch die Schwierigkeiten der Isotopentrennung, wenn, wie beim Uran-235 und -238, das Massenverhältnis sich nur um etwa 1% von 1 unterscheidet.

4.3. *Reaktortypen*

Für die Art der Konstruktion der Brennelemente und den Grad der Anreicherung mit Spaltstoff gibt es zusammen mit der Art des Moderators und Reflektors die verschiedensten Formen und Kombinationsmöglichkeiten, d. h. Reaktortypen.

Neben *1.* Spaltmaterial (Brennelemente), *2.* Moderator und *3.* Reflektor hat ein Reaktor als wesentlichen Teil nur noch *4.* die Kühlung zur Abfuhr der Wärme, die bei der Spaltung in den Brennelementen und bei der Neutronenabbremsung im Moderator frei wird. Man verwendet z. B. Gaskühlung, Flüssigkeitskühlung (auch flüssiges Natrium z. B.) oder Strahlungskühlung. Die Art der Kühlung, die von Reaktortyp zu Reaktortyp variiert, steht häufig in einem gewissen Zusammenhang mit den übrigen Konstruktionsmerkmalen. So wird bei einem homogenen Reaktor meist die Brennstoff-Moderator-Flüssigkeit (u. U. auch in der Form einer Salzschmelze mit dem Vorteil einer hohen Arbeitstemperatur bei Normaldruck) unmittelbar über einen Wärmeaustauscher umgepumpt. Häufig sind dabei aus Sicherheitsgründen zwei hintereinandergeschaltete Kühlkreisläufe vorhanden.

Ein heterogener Reaktor kann Gaskühlung einsetzen. Das Kühlgas, z. B. CO_2, wird unter Druck durch Zwischenräume und Kühlkanäle in den Brennelementen und Moderatorbausteinen, z. B. aus Graphit, und dann durch Wärmeaustauscher geleitet.

Bei Reaktoren, die im Weltraum eingesetzt werden sollen, bleibt wegen der Endlichkeit jeder etwa mitgeführten Kühlmittelmenge für den Dauerbetrieb nur die Strahlungskühlung (Abstrahlung von elektromagnetischen Wellen im sichtbaren oder ultraroten Spektralbereich von glühenden Metall- oder Keramikflächen aus).

Eine gewisse Sonderstellung zwischen „homogen“ und „heterogen“ nimmt der nach einem Konzept von SCHULTEN entwickelte Kugelhaufenreaktor ein: Es handelt sich in ihm gewissermaßen um eine „makroskopische Lösung“, in der 25600 Brennelementkugeln zusammengemischt mit 67200 Kugeln aus reinem Graphit und 1100 Kugeln aus Bor, jede Kugel etwa von Tennisballgröße, nach der Art einer Flüssigkeit „umgepumpt“ werden. Alle Kugeln durchlaufen das Core kontinuierlich in einem Kreislauf. Im Außenkreis können Kugeln sehr einfach entnommen, geprüft und ersetzt werden. Jede Brennelementkugel ist eine hohle Graphitkugel, deren Inneres mit beschichteten Körnern von etwa 0,5 mm Durchmesser angefüllt ist, die als Spaltstoff je Kugelfüllung etwa 1 g hochangereichertes Uran und 5 g Thorium als Brutstoff enthalten.

Als Kühlmittel wird Heliumgas verwendet, das mit einer Temperatur von maximal 1000 °K das Core verläßt. Das ist die z. Z. höchste Kühlmitteltemperatur eines Reaktors. Das heiße Heliumgas erzeugt dann in einem Wärmeaustauscher Heißdampf von 505 °C und 72 at Druck. Seit dem 17. Februar 1968 läuft dieser Reaktor in Jülich mit seiner vollen elektrischen Leistungsabgabe von 10000 kW in das öffentliche Netz.

Als notwendigen Bestandteil enthält der Reaktor dann *5.* noch die Regelelemente einschließlich der Überwachungsmeßgeräte (vgl. weiter unten).

4.4. *Künstliche Spaltmaterialien*

Neben dem natürlich vorkommenden Isotop U-235 existieren zwei Nuklide, die in der Natur nicht mehr oder nur noch in Spuren vorkommen, die aber über Kernreaktionen künstlich erzeugt werden können und in denen sich in analoger Weise eine Kettenreaktion der exothermen Kernspaltung aufrechterhalten läßt.

Es handelt sich *1.* um das Element Plutonium und dabei um das Isotop $^{239}_{94}\mathrm{Pu}$, ein gu-Kern wie U-235. Pu-239 kann über die folgende Reaktion aus U-238 hergestellt werden, wobei sich über eine (n, γ)-Reaktion und nachfolgende radioaktive Umwandlungen Pu-239 bildet:

$$\boxed{\text{U-238}} + \mathrm{n}_{7\mathrm{eV}} = \gamma + \text{U-239} \xrightarrow[23\ \mathrm{min}]{\beta^-} {}^{239}_{93}\mathrm{Np} \xrightarrow[2{,}3\ \mathrm{d}]{\beta^-} \boxed{^{239}_{94}\mathrm{Pu}}.$$

Eine solche Reaktion zur Gewinnung von künstlichem Spaltmaterial trägt die treffende Bezeichnung „Brutreaktion“.

Pu-239 ist nicht stabil, es ist α-aktiv mit einer Halbwertszeit von $24 \cdot 10^3$ Jahren:

$$^{239}_{94}\mathrm{Pu} \xrightarrow[24 \cdot 10^3\ \mathrm{a}]{\alpha} {}^{235}_{92}\mathrm{U}.$$

Deswegen kommt es in der Natur auch nicht mehr vor. Die relativ lange Halbwertszeit macht es jedoch für jede Art von technischer Anwendung brauchbar.

Die Erbrütung von Plutoniumspaltstoff findet praktisch in jedem Reaktor statt, der zwar mit der Spaltung von U-235 arbeitet, jedoch mit nur angereichertem Uran beschickt ist. Der Abtrennung des gewonnenen neuen Spaltmaterials Plutonium kommt bei der Aufbereitung der Brennelemente große Bedeutung zu, wenn man die Summe der zur Verfügung stehenden Spaltmaterialien kontrollieren will.

Da die Weltvorräte an Uran und damit an U-235 beschränkt sind und sich bereits ausrechnen läßt, wann U-235 als Brennstoff für Reaktoren nicht mehr zur Verfügung steht, wird der Erbrütung von Spaltmaterialien (Pu-239 oder U-233 — vgl. unten) bereits wachsende Aufmerksamkeit geschenkt. Die Brutreaktion kann in einem Reaktor anteilig so gesteigert werden, daß der Reaktor mehr Spaltmaterial erbrütet als er zur Energieerzeugung verbraucht.[1]) Damit läßt sich z. B. die Ära der Uranbrenner um den Faktor 140 verlängern (Verhältnis von U-238 zu U-235), bis möglicherweise die Fusionsreaktoren technisch reif geworden sind.

Plutonium ist übrigens äußerst giftig. Bereits 1 µg wirkt bei Einatmung tödlich.

Als Brennstoff kommt Plutonium vor allem in der Form des Oxids PuO_2, u. U. auch als Mischoxid mit UO_2, in Einsatz, da diese Oxide eine Reihe von Vorteilen (hoher Schmelzpunkt, Widerstandsfähigkeit gegen Strahlung, Verträglichkeit mit Stahlhüllen usw.) besitzen.

Das zweite künstliche Spaltmaterial ist das radioaktive Uranisotop U-233. Es kann aus Thorium, für das genügend große Lagerstätten bekannt sind, im Reaktor erbrütet werden. Die Brutreaktion lautet

$$\boxed{{}^{232}_{90}\mathrm{Th}}\ (n, \gamma) \xrightarrow{\beta^-} \xrightarrow{\beta^-} \boxed{{}^{233}_{92}\mathrm{U}} \xrightarrow[162 \cdot 10^3\,\mathrm{a}]{\gamma,\ \alpha} {}^{229}_{90}\mathrm{Th}.$$

gu-Kern!

Auch hier reicht die Stabilität des U-233 für technische Belange aus.

Die Reaktoren, in denen die Brutreaktion angestrebt wird, arbeiten meist nicht mehr mit thermischen, sondern mit schnellen Neutronen („schneller Brüter"), um die dann höheren Wirkungsquerschnitte z. B. in Resonanzeinfängen für die Brutreaktion auszunutzen (vgl. Abb. 14, S. 76: Brutreaktion am U-238 bei 7 eV Neutronenenergie).

---

[1]) Von den im Mittel 2,5 Neutronen der U-235-Spaltung wird 1 für die Kettenreaktion (an der auch das erbrütete Spaltmaterial teilnimmt) verbraucht. Wenn es gelingt, von den verbleibenden 1,5 Neutronen mehr als 1 zur Brutreaktion zu bringen, ist diese Bilanz gegeben.

Die Betriebsbedingungen für eine möglichst hohe Energieabgabe und für eine möglichst hohe Brutrate sind in gewisser Hinsicht konträr. Man baut deswegen spezielle Brutreaktoren, in denen der sogenannte Konversionsfaktor [= Verhältnis der Mengen von umgewandelter (= konvertierter) Brutsubstanz zur Menge der verbrauchten Spaltsubstanz] über Eins liegt. Bei einem Konversionsfaktor von 1,2 benötigt man zur Erzeugung von z. B. 1 kg Plutonium $5 \cdot 10^{23}$ Spaltprozesse. In den Anlagen der USA konnte diese Menge bereits 1945 etwa in einem Tag erbrütet werden. Heute wird Plutonium in den USA und in der Sowjetunion im Tonnenmaßstab produziert. Es hat einen Wert von etwa 180,— DM pro Gramm.

5. Steuerung eines Reaktors

5.1. *Reaktivität. Generationsdauer. Reaktorperiode*

Im stationären Zustand muß der Vermehrungsfaktor k genau gleich 1 sein.

Die Einpegelung auf diesen Wert geschieht durch Veränderungen an der Neutronenbilanz mittels folgender Maßnahmen:

a) Entfernung von Spaltmaterial aus dem Core,

b) Entfernung von Reflektormaterial,

c) (am häufigsten) Neutroneneinfang mittels Materialien, die einen großen Einfangquerschnitt für langsame Neutronen haben und deswegen nur in geringen Mengen (Stäben) in das Core eingebracht (eingefahren) zu werden brauchen (Regelstäbe).
Praktisch wird Cadmium verwendet ($\sigma_{\text{Einfang}\ ^1/_{40}\ \text{eV}}$ = 2000 ··· 3000 barn (vgl. Abb. 15) oder Bor (vgl. Abb. 16).

Zur besseren Kennzeichnung des Betriebszustandes verwendet mann statt des Multiplikationsfaktors k die

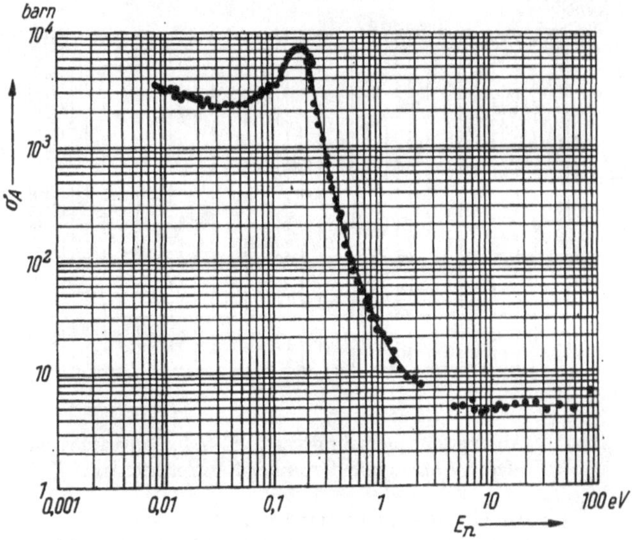

Abb. 15. Absorptionssquerschnitt σ_A von Kadmium für langsame Neutronen in Abhängigkeit von der Neutronenenergie E_n

Größe „Reaktivität“ ϱ gemäß der Definition

$$\varrho = \frac{k-1}{k}.$$

Da praktisch der Vermehrungsfaktor k sehr nahe bei 1 liegt, gilt die Näherung

$$\varrho = k - 1.$$

Im stationären Betrieb ist streng $\varrho = 0$.

Die genaue Kenntnis von ϱ ist von größter Wichtigkeit, da dadurch die sogenannte „Reaktorperiode“ T bestimmt ist, die ihrerseits mit dem Leistungsanstieg (oder -abstieg) im Reaktor verknüpft ist.

Reaktorperiode ist die Zeit, in der der Reaktor seine Leistung auf den e-fachen Wert gesteigert hat.

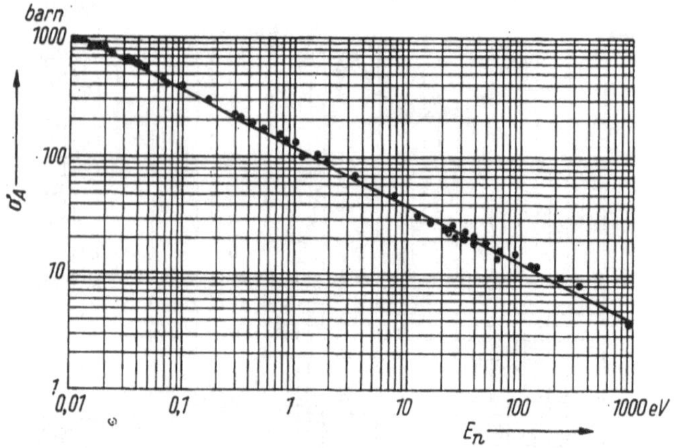

Abb. 16. Absorptionsquerschnitt σ_A von Bor für langsame Neutronen in Abhängigkeit von der Neutronenenergie E_n

Ist τ die Generationsdauer (= Zeit zwischen einer primären Spaltung und der sekundären Spaltung), so steigt die Reaktorleistung in der Zeit gemäß

$$W = W_0 k^{t/\tau}; \qquad W_0 = \text{Leistung bei } t = 0,$$

wenn man zunächst, in der einfachsten Vorstellungsweise, die einzelnen Generationsschritte diskontinuierlich hintereinander geschaltet denkt.

Definitionsgemäß ergibt sich daraus für den Wert der Reaktorperiode T

$$\frac{W}{W_0} = \mathrm{e} = k^{T/\tau}; \quad \ln \mathrm{e} = 1 = \frac{T}{\tau} \ln k; \quad T = \tau/\ln k;$$

mit $k = 1 + \varrho$ wird

$$T = \tau/\ln(\varrho + 1),$$

und mit der Näherung $\ln(\varrho + 1) = \varrho$ (für kleine ϱ-Werte; vgl. die Skizze auf der folgenden Seite) ergibt sich

$$\boxed{T = \frac{\tau}{\varrho}}.$$

Die Reaktorperiode ist also gleich dem Quotienten aus der Dauer des Generationsschrittes und der Reaktivität.

Dieser wichtige Zusammenhang, der eine fundamentale Bedeutung für die Leistungsdynamik eines Reaktors hat, ergibt sich auch aus der strengeren Theorie des Leistungs-

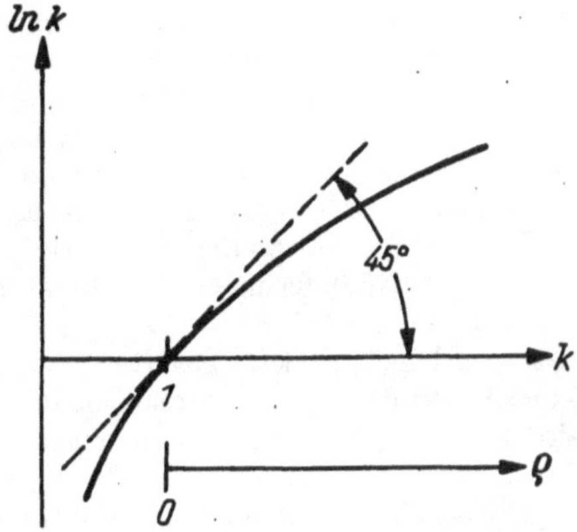

zuwachses, die in infinitesimalen Zeiträumen dt mit dem durch $(k - 1) = \varrho$ gegebenen linearen Zuwachs an Spaltneutronen und damit an Leistung ausgeht. Diese infinitesimale Beziehung lautet für den Neutronen*zuwachs* dn:

$$\mathrm{d}n = (k - 1)\, n \frac{\mathrm{d}t}{\tau}.$$

Die Integration liefert für den Zeitverlauf der Neutronenzahl n (und entsprechend für die Reaktorleistung) eine Exponentialfunktion

$$n = n_0\, \mathrm{e}^{(k-1)t/\tau}$$

(n_0 = Zahl der Neutronen zur Zeit $t = 0$) mit einer Relaxationszeit = Reaktorperiode $T = \tau/\varrho$.

Diese Zeitfunktion gilt unter der impliziten Voraussetzung, daß zur Zeit $t = 0$ ein Reaktivitäts*sprung* von

$\varrho = 0$ auf den einzusetzenden Wert ϱ erfolgt und nur ein einziger Wert für die Generationsdauer τ gültig ist.

Die vollständige Behandlung der Reaktordynamik geht über die vorliegende Einführung hinaus. Die theoretische Behandlung aller Einflußgrößen auf die Neutronenbilanz ist relativ aufwendig, zumal neben den verschiedenen Neutronengruppen in verschiedenen Energiebereichen, neben den räumlichen Abhängigkeiten in den Reaktorzonen, neben allen übrigen Quellen und Senken für Neutronen (Einfang, Entweichen aus dem Core, radioaktive Produktion usw.) vor allem auch die nichtlinearen (!) Rückwirkungen berücksichtigt werden müssen, die z. B. vom Kühlmittel oder von der Geometrie bei den begleitenden Temperaturänderungen im Reaktor hervorgerufen werden.

Deswegen werden u. U. kompliziertere Aufgaben der Reaktorkinetik weniger rein rechnerisch als mit Hilfe von Reaktorsimulatoren gelöst. Man nimmt auch an arbeitsfähigen Reaktoren gezielte Reaktivitätsstörungen vor und studiert *experimentell* die auftretenden Leistungsexkursionen. Die sich daran anschließende phänomenologische Theorie der Reaktordynamik bedient sich u. U. experimenteller Reaktivitäts*oszillationen* verschiedener Frequenz, um die diesbezügliche „Übertragungsfunktion" des konkreten Reaktors zu ermitteln.

Die Interpretation der Reaktorperiode auf der Basis der gegebenen Ableitung gestattet es jedoch bereits, das grundsätzliche Steuerungsproblem des Reaktors und seine Lösung darzustellen.

5.2. *Die Rolle der verspäteten Neutronen für die Steuerung*

Wenn man für die Generationsdauer die Lebensdauer eines Neutrons einsetzt, also die Zeit zwischen der Emission (z. B. bei der Spaltung) und der von ihm initiierten Spaltung, so wäre eine Regelung auf mechanischem Wege nicht möglich (aufgrund der Massenträgheit der Regelorgane), da sich für die Reaktorperiode zu kurze Zeiten ergeben.

Das zeigt die folgende Abschätzung: Bei „langsamen" Reaktoren, die mit thermischen Neutronen spalten, beträgt $\tau_{\text{Leben}} = 10^{-3}$ s [beachte: bei „schnellen" Reaktoren, die mit nahezu unabgebremsten Neutronen arbeiten ($\approx 0{,}1$ MeV kinetische Energie), beträgt die Lebensdauer nur 10^{-7} s]. Bei dieser Generationsdauer (gleich Lebensdauer) von 10^{-3} s führt bereits eine Reaktivität von nur $\varrho = 10^{-2}$ zu einer Reaktorperiode von 0,1 s. Da die Regelung nicht folgen kann, „geht der Reaktor durch", d. h., er explodiert praktisch.

Reaktoren, die dann nicht explodieren, sondern bei einer höheren Temperatur wieder stationär werden, nennt man „inhärent sicher". Dies ist möglich, wenn sich aufgrund der Erwärmung die Neutronenbilanz so verschlechtert, daß $\varrho = 0$ wird. Hierfür kann es verschiedene Ursachen geben, z. B. nimmt der Spaltquerschnitt mit zunehmender Temperatur stärker ab als der Absorptionsquerschnitt, und Absorptionsresonanzen verbreitern sich u. U.; ferner bedeutet die thermische Ausdehnung des Cores oder der Brennelemente häufig bereits ein Absinken der Reaktivität (Verringerung der Dichte des Spaltmaterials, so daß die kritische Masse z. T. unterschritten wird). Im gleichen Sinne wirkt eine Ausdehnung bzw. Dichteabnahme (z. B. auch durch Dampfblasenbildung) des Moderators.

Eine echte mechanische Regelung gelingt jedoch bequem über die etwa 0,7% verspäteten (radioaktiven) Neutronen (dieser Wert gilt für U-235; er beträgt für Pu-239 etwa 0,4% und für U-233 0,3%). Deren Anteil von allen im Mittel pro Spaltung auftretenden Neutronen ist also $\beta = 0{,}007$.

Man muß nun zwei Fälle unterscheiden:

a) $\varrho < \beta$. Es gilt dann für die Generationsdauer τ, da die β verspäteten Neutronen für das $k > 1$ verantwortlich sind (mit anderen Worten, da der Reaktor nur mit den „prompten"[1]) Neutronen überhaupt nicht kritisch ist, ohne sie also k kleiner als 1 wäre):

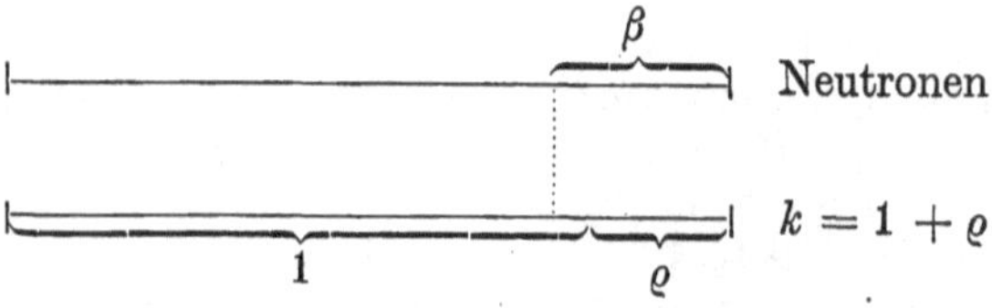

$$\tau_{\text{Generation}} = \tau_{\text{Leben}} + \tau_{\text{Verspätung}}.$$

Wenn für die Neutronen die Verspätungszeit viel größer ist als die Lebensdauer, gilt

$$\tau_{\text{Generation}} \doteq \tau_{\text{Verspätung}}.$$

Für die verspäteten Neutronen der U-235-Spaltung liegt dieser Fall vor.

Strenggenommen muß man bei der Spaltung von U-235 und der dabei gegebenen statistischen Verteilung der Spaltprodukte 6 Gruppen von verspäteten Neutronen unterscheiden, die je nach ihrer Herkunft mit verschiedenen Verspätungszeiten τ_i (= Halbwertszeiten ihres radioaktiven Auftretens) und verschiedenen relativen Anteilen β_i auftreten. Die folgende Tabelle 1 gibt eine diesbezügliche Übersicht (siehe S. 89).

Für die vorliegenden grundsätzlichen Betrachtungen genügt es, mit einer einheitlichen Verspätungszeit von der Größe der gewichteten Summe $\sum_{i=1}^{6} \beta_i \, \tau_{i\,\text{Verspätung}} \doteq 0{,}06$ s, d. h. etwa 0,1 s für den gesamten Anteil der verspäteten Neutronen zu rechnen. In der *genauen* Berechnung der Reaktordynamik sind die einzelnen Gruppen selbstverständlich in differenzierter Weise einzuführen.

Gehen wir hier im folgenden für den Neutronenanteil β von dieser Verspätungszeit von 0,1 s und einer Reaktivi-

[1]) Die bei der Spaltung unmittelbar auftretenden Neutronen werden prompte Neutronen genannt, da sie sofort, d. h. innerhalb von etwa 10^{-14} s, auftreten.

Tabelle 1. Verzögerte Neutronen bei der thermischen Spaltung von U-235

Gruppe	τ_i (in s)	Mittlere Energie (in MeV)	Häufigkeit β_i	Mutterkern
1	55,7	0,250	$21{,}1 \cdot 10^{-5}$	Br-87
2	22,7	0,460	$140{,}2 \cdot 10^{-5}$	J-137
3	6,2	0,405	$125{,}4 \cdot 10^{-5}$	Br-(89, 90, 91)?
4	2,3	0,450	$252{,}8 \cdot 10^{-5}$	(Xe-139, J-139, Sb-135)?
5	0,61	0,520	$73{,}6 \cdot 10^{-5}$	(Sb-137, As-85)?
6	0,23	?	$26{,}9 \cdot 10^{-5}$	(Li-9)??
			$\Sigma\beta_i = 0{,}0064$	

tät z. B. von $\varrho = \beta/3 = 0{,}0023$ aus, so ergibt sich für die Reaktorperiode eine jetzt hinreichend große Zeit von 44 s.

b) $\varrho > \beta$. In diesem Fall nennt man den Reaktor „prompt kritisch", da der Reaktor auch ohne die verspäteten Neutronen „kritisch" ist (d. h. ohne sie bereits $k > 1$ wäre).

$$T_{\text{prompt kritisch}} = \frac{\tau_{\text{Leben}}}{\varrho - \beta};$$

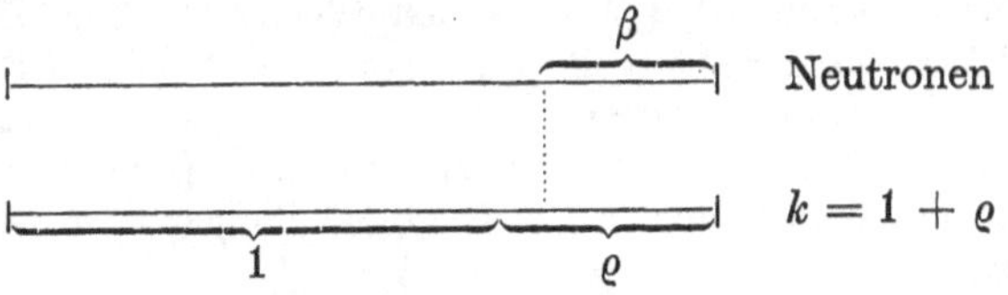

In diesem Fall bestimmt, wie schon oben ausgeführt, die Lebensdauer die Generationsdauer und damit die Reaktorperiode (die sich als zu klein erwiesen hat). Bei der Berechnung der Reaktorperiode hat man jedoch die Reaktivität, bezogen auf alle Neutronen, um den Anteil β zu vermindern, da die verspäteten Neutronen bei der Multiplikation der Leistung nicht „mitspielen". Es ist die Reaktorperiode im prompt kritischen Zustand.

Beispiel: $\varrho = 2\beta$

$$T_{\text{p.kr.}} = 10^{-3}/7{,}5 \cdot 10^{-3} \doteq 0{,}1 \text{ s.}$$

Praktisch muß also aus Gründen der Regelbarkeit stets ϱ kleiner als β bleiben.

Man gibt deswegen ϱ in Einheiten von β an und hat für diese Einheit den Ausdruck „1 Dollar" geprägt.

ϱ in der Größenordnung von 1 Dollar wäre für den Betrieb des Reaktors aber viel zu groß (kein genügender Sicherheitsabstand zum prompt kritischen Zustand). Praktisch bewegt man sich also mit der Reaktivität ϱ in der Gegend von „Cent" (= 0,01 Dollar)! Die Reaktorperiode wird meist über 100 s gehalten ($T = 100$ s etwa bei $\varrho \doteq 10$ Cent).

Die Reaktorperiode wird übrigens ständig überwacht (auf dem Umweg über eine Messung des Neutronenflusses im Reaktor), und der Reaktor schaltet automatisch ab, wenn etwa $T < 30$ s wird. „Abschalten" heißt dabei, daß der Multiplikationsfaktor durch das Einfahren von Neutronenabsorberstäben sehr schnell drastisch unter Eins abgesenkt wird.

Man setzt den Reaktor in Gang, indem man die Reaktivität so erhöht, daß T etwa den Wert 100 s hat. Eine Leistungssteigerung von 1 W (= „Aus") auf 10^6 W (1 MW) dauert wegen $10^6 = e^{15}$ also 15×100 s $= 25$ min. Eine Steigerung auf 100 MW (Kraftwerksleistung) dauert ($e^{4,5} = 100$) 4,5mal länger, d. h. etwa 2 h.

Die beim „Anfahren" eines Reaktors notwendigen ersten Neutronen sind praktisch immer vorhanden, sei es aus der kosmischen Strahlung, sei es aufgrund der Spontanspaltung schwerer Nuklide im Reaktor selbst. Diese schwachen Quellen werden durch die Neutronenflußmeßgeräte jedoch erst erfaßt, wenn der Reaktor einen relativ hohen Multiplikationsfaktor liefert, d. h. sich schon sehr nahe am kritischen Zustand befindet. Diesem Gefahrenmoment weicht man aus, indem man in den

Reaktor stärkere Neutronenquellen separat einbaut, die für kleinere Werte von k bereits einen meßbaren Neutronenfluß von etwa $10^2 \ldots 10^3$ Neutronen/cm² s liefern.

Als künstliche Neutronenquellen finden (Ra–Be)-, (Po–Be)-, (Pu–Be)- oder (Sb–Be)-Quellen Verwendung.

Solange der Reaktor noch subkritisch ist, vermehren sich die äußeren Neutronen mit dem subkritischen Multiplikationsfaktor $1/(1 - k)$. Wird der Reaktor kritisch ($k = 1$), so ist er zusammen mit der äußeren Neutronenquelle strenggenommen überkritisch. Bei hoher Leistung, d. h. hohen Neutronenflüssen, ist der Neutronenbeitrag der äußeren Quelle jedoch zu vernachlässigen. In anderen Fällen entfernt man die äußeren Start-Neutronenquellen nachher aus der Spaltzone durch Herausziehen.

Ein Reaktor ist bezüglich der Leistungssteuerung und der Schaltvorgänge als sehr träge zu bezeichnen (Gegensatz: Pumpspeicher-Wasserkraftwerke, die bei Netzausfall oder Spitzenlasterfordernissen in wenigen Minuten mit maximaler Leistung zur Verfügung stehen).

Auch die Reaktoren, die mit schnellen Neutronen arbeiten (vgl.: der „schnelle Brüter"), werden mit Hilfe der verspäteten Neutronen in analoger Weise gesteuert. Hier muß erst recht der prompt kritische Zustand vermieden werden, da die Lebensdauer der verwendeten „schnellen" Neutronen von etwa 0,1 MeV um Größenordnungen kleiner ist als bei thermischen Neutronen.

6. Radioaktivität

6.1. *Einleitung. Zeitliches Abklingen*

Unter der Erscheinung der Radioaktivität versteht man den *spontanen*, nicht erkennbar von außen beeinflußten bzw. beeinflußbaren „Zerfall" (allgemeiner: Umwandlung) von Atomkernen unter Aussendung von α-, β-

Teilchen (Elektronen oder Positronen), von Neutronen und γ-Quanten.[1]) Statt der Elektronen mit negativer Elementarladung können auch Positronen emittiert werden. Andere emittierte Teilchen bzw. Quanten treten nicht auf, insbesondere also kein Teilchen mit größerer Masse als Helium 4. Allerdings muß auch die *spontane* Kern*spaltung* zu den radioaktiven Prozessen gerechnet werden. Ferner muß die Umwandlung des Kernes nicht nur durch Teilchen*emission*, sondern sie kann auch durch Teilchen*aufnahme* erfolgen. Als spontaner und damit radioaktiver Prozeß ist die Aufnahme eines Elektrons aus der eigenen Elektronenhülle des Kerns bekannt (sogenannter E-Einfang), wobei sich im Kern ein Proton in ein Neutron verwandelt und infolge der Wiedereinordnung der Elektronen innerhalb der Hülle des Atoms dessen charakteristische Röntgenstrahlung emittiert wird.

Bei der Radioaktivität muß man die natürliche Radioaktivität und die künstliche Radioaktivität, letztgenannte als Folge künstlich eingeleiteter Kernreaktionen, unterscheiden.

Bei der α-Teilchen-Emission entsteht ein neues Element mit einer um 2 kleineren Ordnungszahl und einer um 4 Nukleonen reduzierten Nukleonenzahl. Bei der Emission von Elektronen (aus dem Kern!) ändert sich die Ordnungszahl um $+1$, bei der Emission von Positronen um -1 ohne Änderung der Nukleonenzahl. β-Teilchen sind selbst im Kern der stabilen Materie nicht vorhanden. Der Kern der stabilen Materie besteht vielmehr lediglich aus Neutronen und Protonen. Ein negatives Elektron wird emittiert, wenn sich innerhalb eines instabilen Kerns ein Neutron in ein Proton verwandelt, und umgekehrt wird ein Positron emittiert, wenn sich ein Proton in ein Neutron verwandelt.

---

[1]) Das vom Kern emittierte γ-Quant wird u. U. bereits in der eigenen Elektronenhülle absorbiert, und es treten ein freies Elektron und charakteristische Röntgenstrahlung des Atoms auf (sogenannte innere Konversion).

Bei der Emission von γ-Quanten geht der Kern ohne Änderung von Ordnungszahl und Nukleonenzahl aus einem sogenannten angeregten Zustand in einen energetisch tieferen Zustand über. Hier liegen ähnliche Verhältnisse vor wie bei der Lichtemission aus der Elektronenhülle, bei der *Elektronen* aus einem angeregten Zustand in einen tieferen, z. B. den Grundzustand, zurückkehren.

Die Verursachung der Radioaktivität eines Atoms, d. h. des spontanen Zerfalls eines definierten Kernes ohne erkennbaren äußeren Einfluß, ist noch nicht bekannt, wenn auch die Instabilität und damit die statistische Zerfallswahrscheinlichkeit aus der Theorie der sogenannten schwachen Wechselwirkung, d. h. der Theorie des Kernaufbaues, nahezu vollständig verstanden werden kann.

Es existieren nicht ungeteilt anerkannte Ansichten, die für den radioaktiven Zerfall einen Einfluß von Neutrinos verantwortlich machen.[1])

Von der Sonne emittierte Neutrinos sind jedenfalls in sehr großer Dichte überall auf der Erde vorhanden, und zwar mit *homogener* Dichte[2]), da die Neutrinos einen außerordentlich kleinen Absorptionskoeffizienten haben. Sie durchdringen die Erde mühelos; ihr Absorptionskoeffizient liegt in der Größenordnung von 10^{-18} cm^{-1}.

Charakteristisch für die statistische Natur des radioaktiven Zerfalls ist die Zerfallsgesetzmäßigkeit, gemäß der die Zahl der pro Sekunde radioaktiv zerfallenden Kerne einer Gesamtheit proportional der Zahl der noch nicht zerfallenen Kerne ist.

Das *Zeit*gesetz des radioaktiven Zerfalls einer Ausgangsteilchenmenge n ist demnach eine Exponentialfunktion. Setzt man nämlich in diesem Sinne die Änderung der

---

1) Entsprechende Experimente über eine Beeinflussung der Zerfallsrate durch die abschirmende Wirkung von Erdmassen sind umstritten.

2) Die Bestrahlungsdichte beträgt $6 \cdot 10^{10}$ (!) Neutrinos pro Sekunde und Quadratzentimeter.

noch nicht zerfallenen Teilchenzahl $\mathrm{d}n$ pro Zeitintervall $\mathrm{d}t$ proportional zur Teilchenzahl selbst in der Formulierung an:

$$\mathrm{d}n/\mathrm{d}t = -\lambda n,$$

so liefert eine Integration die Exponentialfunktion, bei der im Exponenten der Kehrwert der Proportionalitätskonstanten (auch „Zerfallskonstante" genannt) λ als sogenannte Zeitkonstante τ erscheint:

$$\int \frac{\mathrm{d}n}{n} = \int -\lambda\,\mathrm{d}t; \qquad \lambda = \text{Zerfallskonstante},$$

$$\ln n = -\lambda t + \text{const},$$

$$n = c\,\mathrm{e}^{-\lambda t}; \qquad c = n_0 = \begin{array}{l}\text{Teilchenzahl}\\ \text{zur Zeit } t = 0,\end{array}$$

$$\boxed{n = n_0 \mathrm{e}^{-t/\tau}}, \qquad \tau = \text{Zeitkonstante} = 1/\lambda.$$

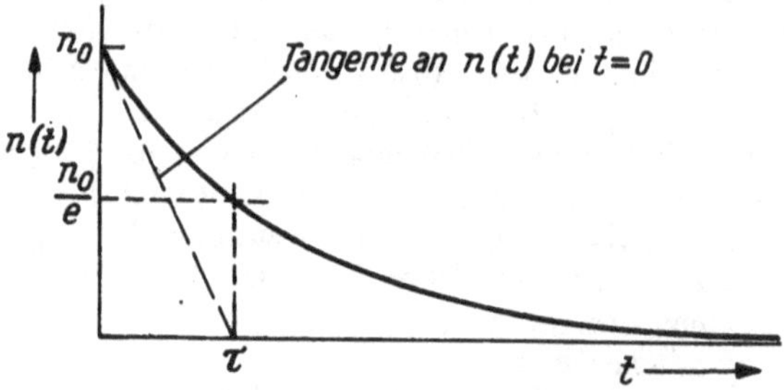

Die Größe der Zeitkonstante, die im übrigen auch den Zeitpunkt angibt, nachdem eine vorgegebene Teilchenmenge sich durch radioaktiven Zerfall auf den e-ten Teil reduziert hat, schwankt zwischen außerordentlich weiten Grenzen, nämlich zwischen 10^{-4} s und 10^{10} Jahren.

Da die Änderung der Teilchenzahl durch radioaktiven Zerfall unmittelbar die Intensität der radioaktiven Strahlung angibt, denn wenn ein Kern radioaktiv zerfällt, wird das entsprechende radioaktive Teilchen bzw. die γ-Strahlung emittiert, gilt für die radioaktive Strahlungsintensität, die aus einer bestimmten Stoffmenge hervorgeht, das gleiche zeitliche Abklinggesetz, d. h. die Exponentialfunktion.

Die Zeitkonstante ist für jeden radioaktiven Zerfallsprozeß eine charakteristische Größe, so daß deren Bestimmung eine überragende Bedeutung zukommt.

In der sogenannten Halbwertszeit $t_{1/2}$ ist die Hälfte einer (beliebigen) Ausgangsmenge zerfallen. Es gilt $t_{1/2} = \tau \cdot \ln 2$.

6.2. *Natürliche Radioaktivität*

6.2.1. *Die vier Zerfallsfamilien*

Die Beobachtung der Radioaktivität seit 1896, d. h. nach der Entdeckung durch Becquerel, deckte vier sogenannte Zerfallsfamilien schwerer Elemente auf, wie sie in der Abbildung 17 (s. folgende Seite) dargestellt sind.

Die Neptuniumreihe ist benannt nach dem langlebigsten Isotop dieser Reihe mit einer Halbwertszeit von $\tau_{\text{Np-237}} = 2{,}3 \cdot 10^6$ a, obwohl sie ihren Ausgangspunkt vom Plutonium nimmt. Gemessen an erdgeschichtlichen Zeiträumen wird die Neptuniumreihe mit der größten Halbwertszeit von „nur“ $2{,}3 \cdot 10^6$ a sehr schnell durchlaufen. Deshalb ist sie in der Natur praktisch bereits „ausgestorben“ und wurde auch als letzte entdeckt.

In der Darstellung der Abbildung 17 wird die Nukleonenzahl als Ordinate aufgetragen gegen die Ordnungszahl Z als Abszisse. Die durch radioaktiven Zerfall entstehenden Kerne sind durch Kreise eingezeichnet. Die Verbindungslinien geben die Veränderung des Kernes durch die Emission von α- oder β^--Teilchen an. Eine Verschiebung waagerecht um eine Ordnungszahl nach rechts entspricht der Emission eines negativen Elektrons, die Verschiebung nach links unten unter Änderung der Ordnungszahl um -2 und der Nukleonenzahl um -4 entspricht

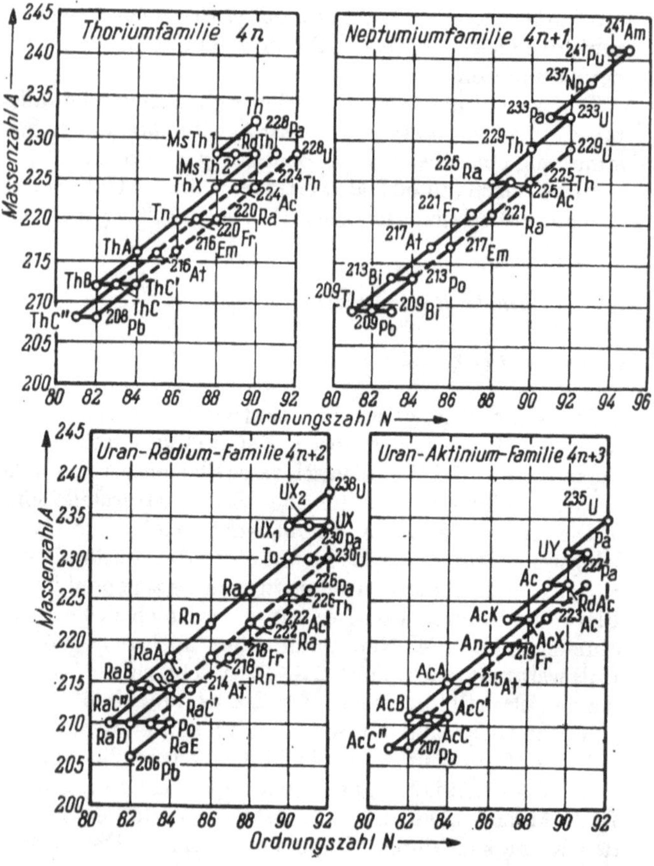

Abb. 17. Die vier radioaktiven Zerfallsfamilien mit ihren Seitenzweigen

der Emission eines α-Teilchens (radioaktiver Verschiebungssatz von FAJANS und SODDY).

In der Darstellung ist erkennbar, daß die radioaktiven Zerfallsreihen der einzelnen Familien definierte Ausgangspunkte, Zwischenprodukte und Endpunkte besitzen. In jedem Fall handelt es sich um *eindeutige*, jedoch *spontane* Kernreaktionen im Gegensatz zu der induzierten Kernspaltung, bei der es nach der äußeren Verursachung für die entstehenden Kernbruchstücke nur statistische Häufigkeiten mit entsprechenden Maxima gibt.

Die vier radioaktiven Zerfallsfamilien laufen im wesentlichen zueinander parallel, haben damit zueinander charakteristische Differenzen. So lassen sich die vier Reihen bezüglich ihrer Nukleonenzahlen folgendermaßen charakterisieren, wobei die Laufzahl n variiert:

	Nukleonenzahl	n
1. Thoriumreihe	$n \cdot 4$	58 bis 52
2. Neptuniumreihe	$n \cdot 4 + 1$	60 bis 52
3. Uran—Radium-Reihe	$n \cdot 4 + 2$	59 bis 51
4. Uran—Aktinium-Reihe	$n \cdot 4 + 3$	58 bis 51

Bemerkenswert bei der natürlichen Radioaktivität ist die Tatsache, daß lediglich α-Teilchen- oder β-Teilchen- (und nur *negative* Elektronen(!)) Emission auftritt,[1]) u. U. in Verbindung mit gleichzeitiger Emission von γ-Teilchen, die in der obigen Art der Darstellung natürlich nicht in Erscheinung treten. Eine *gleichzeitige* Emission von α- und β-Teilchen kommt nie vor. Allerdings gibt es in den Zerfallsreihen Verzweigungspunkte, bei denen, mit jedoch sehr verschiedener Wahrscheinlichkeit (!), entweder ein α-Teilchen oder ein β-Teilchen emittiert wird. Zum

[1]) Auch hier muß diesbezüglich einschränkend wieder auf die spontane Kern*spaltung* hingewiesen werden, die bei *natürlich* vorkommenden Kernen jedoch auf sehr hohe Nukleonenzahlen beschränkt und durch außerordentlich große Halbwertszeiten gekennzeichnet ist (z. B. für U-238: $\tau_{\text{Spaltung}} = 9 \cdot 10^{15}$ Jahre).

Beispiel zerfällt der Kern $^{212}_{83}$ThC mit 65% Wahrscheinlichkeit unter β-Teilchen-Emission und mit entsprechend 35% Wahrscheinlichkeit unter α-Emission. Der Kern $^{114}_{83}$RaC zerfällt mit einer Wahrscheinlichkeit von 99,7% unter β-Emission, der Kern $^{111}_{83}$AcC jedoch nur mit einer Wahrscheinlichkeit von 0,32% unter β-Teilchen-Emission (bzw. mit 99,68% unter α-Teilchen-Emission).

Gewisse *künstliche* Kerne, z. B. Pa-228 oder U-228 bzw. U-229, zerfallen auch radioaktiv; diese Zerfallsreihen münden jedoch in die Thoriumfamilie bzw. Neptuniumfamilie ein, so daß diese Zerfallsreihen jenen Familien zugeordnet erscheinen.

Bemerkenswert ist der Hinweis, daß die radioaktiven Familien alle ihr Ende finden bei stabilen Bleiisotopen (Pb-206 bei der Uran—Radium-Reihe, Pb-207 bei der Uran—Aktinium-Reihe, Pb-208 bei der Thoriumreihe und Pb-209 bei der Neptuniumreihe).

Der Begriff Stabilität ist ein relativer Begriff. Schließlich wird man einen Atomkern mit einer Halbwertszeit von 10^8 Jahren als am menschlichen Leben gemessen stabil bezeichnen.

Da jedoch radioaktive Zerfälle äußerst empfindlich festgestellt werden können, denn praktisch jedes emittierte Teilchen ist zählbar, und die Nachweisempfindlichkeit nur von der Abschirmung des sogenannten Untergrundes abhängt, stellt man fest, daß auch gewisse *leichte* Elemente radioaktiv zerfallen, wenn auch mit außerordentlich großer Halbwertszeit.

Da diese leichten Kerne in der Natur mit einer gewissen, im folgenden ebenfalls angegebenen Häufigkeit auftreten, ist auch unter Abwesenheit der obengenannten schweren radioaktiven Isotope der vier Zerfallsfamilien praktisch überall eine gewisse schwache Radioaktivität vorhanden.

Erwähnenswert in diesem Zusammenhang sind die in der folgenden Übersicht (Tab. 2) zusammengefaßten Elemente, deren Halbwertszeiten zwischen 10^6 und 10^{12} Jahren liegen und die in der Natur mit einer größeren relativen Häufigkeit als 1% im Isotopengemisch vorkommen. K-40 mit einer relativen Häufigkeit von 0,012% ist wegen seiner Bedeutung hinzugenommen.

Tabelle 2. Natürliche radioaktive Isotope

	Relative Häufigkeit	Halbwertszeit (in a)	Teilchenenergie (in MeV)
$^{40}_{11}K$	0,012%	$1{,}28 \cdot 10^{9}$	β 1,33 (89%) γ 1,46 (11%)
$^{87}_{37}Rb$	27,8%	$5 \cdot 10^{10}$	β 0,27
$^{147}_{62}Sm$	14,87%	$1{,}2 \cdot 10^{11}$	α 2,18
$^{176}_{71}Lu$	2,6%	$2{,}2 \cdot 10^{10}$	β 0,43 γ {0,31; 0,20; 0,09}
$^{187}_{75}Re$	62,9%	$6 \cdot 10^{10}$	β 0,008
$^{238}_{92}U$	99,27%	$4{,}5 \cdot 10^{9}$	α 4,2 (77%) γ 0,048 (23%)

↳ (durch spontane Spaltung $8 \cdot 10^{15}$)

Die Radioaktivität dieser leichten Elemente bestimmt praktisch auch den Strahlungsuntergrund, dem der Mensch ständig auf der Erde, wenn man von der Höhenstrahlung absieht, ausgesetzt ist. An diesem radioaktiven Strahlungspegel orientieren sich denn auch die Festlegungen der zulässigen Toleranzdosis, wenn man den Schutz des Menschen vor radioaktiver Strahlung diskutiert. Diesem Problem ist ein eigenes Kapitel gewidmet.

6.2.2. *Zerfallshalbwertszeit und Zerfallsenergie*

Ebenso wie die Zerfallsschritte innerhalb der Zerfallsfamilien definiert sind, ist auch die Energieverteilung der austretenden radioaktiven Teilchen für jeden Zerfallsprozeß charakteristisch. Und bemerkenswerterweise besteht zwischen dieser Energie der austretenden Teilchen (bei α- und β-Teilchen ist es deren kinetische Energie, bei γ-Quanten deren Quantenenergie $h\nu$) und der Zerfallskonstante ein bestimmter Zusammenhang, der zunächst empirisch festgestellt wurde. Die Erklärung dieses Zusammenhangs wird durch die moderne theoretische Kernphysik geliefert, die sich um die auch aus der Atomhülle bekannten Zusammenhänge zwischen Energiedifferenzen und Übergangswahrscheinlichkeiten bzw. Lebensdauern in den einzelnen energetischen Zuständen bemüht.

Die empirisch gefundenen Energieverhältnisse bzw. die Zusammenhänge zwischen Energie und Zerfallskonstante sind wie folgt zusammenzufassen:

6.2.2.1. α-Teilchen

α-Teilchen-Emission findet sich bis auf einige α-Strahler bei den Seltenerdmetallen (z. B. Sm-147) nur bei relativ schweren Elementen, und zwar vom Wismut ($Z = 83$) an aufwärts.

Die Energie der ausgesandten α-Teilchen liegt praktisch etwa zwischen 2 und 9 MeV.[1]) Diese Energie verschafft ihnen in Luft unter Normalbedingungen eine Reichweite, die sich durch eine von GEIGER angegebene Beziehung darstellen läßt:

$$R_{\text{Luft, Normalbed.}}[\text{cm}] \triangleq \frac{[\text{Energie [MeV]}]^{3/2}}{2{,}12}.$$

Der Zusammenhang zwischen der Energie und der Zerfallskonstanten λ läßt sich in der durch GEIGER und NUTTALL gefundenen Beziehung darstellen:

$$\ln E = A + B \ln \lambda,$$

die in Abb. 18 graphisch dargestellt ist. In dem schraffierten Bereich liegen alle gemessenen Wertepaare E und λ bei radioaktiven α-Zerfällen, die Formel gibt also den Befund des Zusammenhanges zwischen kinetischer Energie und Zerfallskonstante recht gut wieder.

---

[1]) Niedrigster Wert mit 2,2 MeV beim Samarium-147; höchster Wert mit 8,948 MeV beim Thorium C'≡ Po-212).

Über die Verteilung der kinetischen Energie der α-Teilchen bei einem bestimmten Zerfallsakt ist zu sagen, daß nur diskrete Energien auftreten, also nicht etwa ein kontinuierliches Energiespektrum zu finden ist.

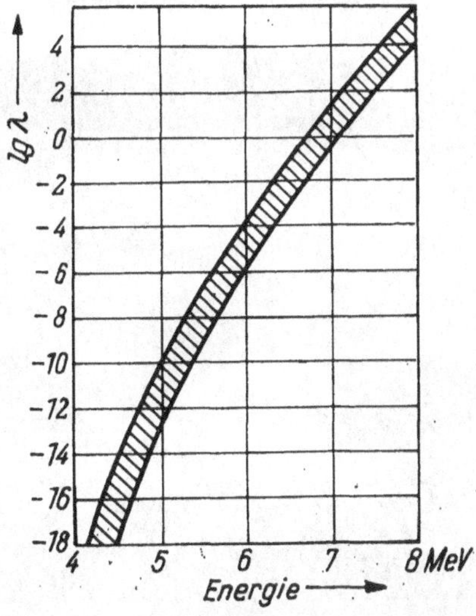

Abb. 18. Schematische Darstellung der GEIGER-NUTTALL-Beziehung

Die gegen die Energie aufgetragenen Logarithmen der Zerfallskonstanten aller bekannten α-aktiven Kerne liegen in dem schraffiert gezeichneten Streifen

Das Auftreten solch diskreter Energien von α-Teilchen und auf diese Weise einer scharfen definierten größten kinetischen Energie äußert sich auch im Nebelkammerbild einer α-Teilchen emittierenden radioaktiven Quelle (Abb. 19). Das Büschel der ausgesandten α-Teilchen endet abrupt in einer bestimmten Entfernung, weil alle α-Teilchen eine bestimmte Energie haben und damit eine scharf definierte Reichweite in Luft.

Die Erklärung des diskontinuierlichen Energiespektrums für die emittierten α-Teilchen liegt in der diskreten

Struktur des Energiezustandes des Kernes, aus dem sie emittiert werden. In Analogie zum diskreten Linienspektrum der im sichtbaren Spektralbereich gelegenen Balmer-Serie des Wasserstoffs, zu deren Emission ein Elektron in der Hülle des Wasserstoffs seine Energie

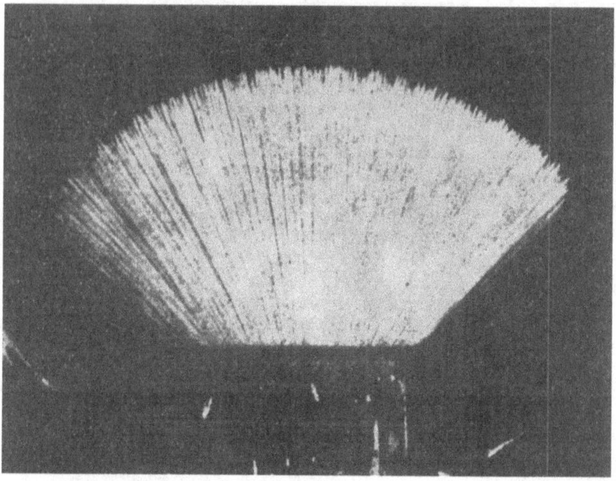

Abb. 19. Die Nebelkammeraufnahme des α-aktiven Nuklids RaC′ (≡ Po-214) demonstriert die einheitliche Energie der ausgesandten α-Teilchen durch die gleiche Länge ihrer Bahnspuren

wechselt, kann man auf ähnlich diskrete Energiestufen der Nukleonen im Kern schließen. Eine genaue Vermessung der auftretenden Energien der α-Teilchen führt zu einer detaillierten Kenntnis der Energiezustände der Nukleonen im Kern und damit zu einer definierten Ausgangssituation für die theoretischen Kernmodelle, die die Schalenstruktur und letztlich auch die magischen Zahlen der Nukleonenanordnung im Kern erklären.

Abb. 20 zeigt als Beispiel ein Energieschema für den Kernzustand bzw. für die α-, β- und γ-Emissions-Über-

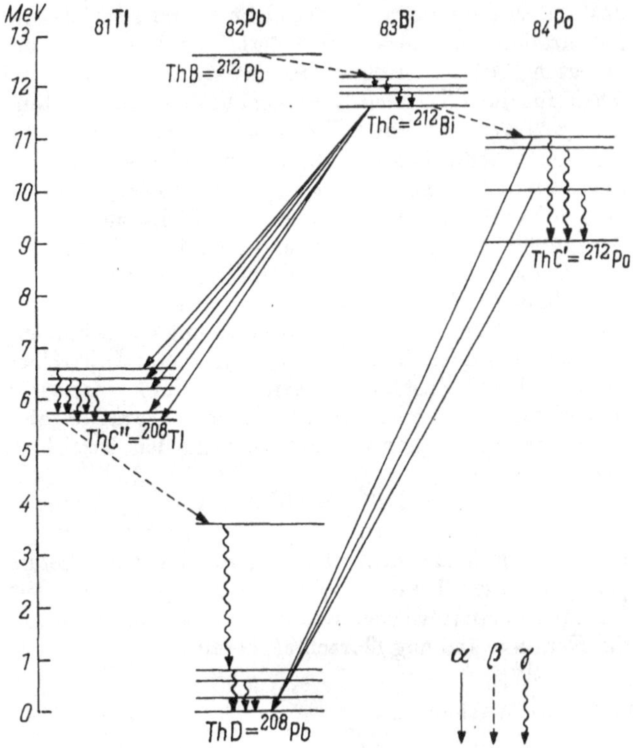

Abb. 20. Zusammenhänge von α-, β- und γ-Übergängen zwischen vier instabilen Kernen am Ende der radioaktiven Thoriumreihe und deren stabilem Endkern $^{208}_{82}$Pb

gänge dazwischen für 4 instabile Kerne am Ende der radioaktiven Thoriumreihe mit dem stabilen Endkern Pb-208.

Wie aus der Abbildung ersichtlich, ergibt sich eine reine γ-Quanten-Emission, wenn ein definiertes Isotop seinerseits aus einem angeregten Zustand in einen Grundzustand zurückkehrt, unabhängig von dem radioaktiven Zerfall durch α- und β-Teilchen-Emission. Der Grundzustand ist dann γ-stabil, aber nicht α- und β-stabil. Umgekehrt kann der radioaktive Zerfall auch aus dem angeregten Zustand erfolgen, so daß z. B. bei $_{84}$Po drei Pfeile für die α-Teilchen-Emission auf den Grundzustand des Pb-208 zurückführen. Die γ-Quanten-Emission erfolgt u. U. sehr schnell. Die Lebensdauer solcher Kerne im angeregten Zustand beträgt nur etwa 10^{-13} s, während vergleichsweise die Lebensdauer von Elektronen in der Atomhülle im angeregten Zustand etwa 10^{-8} s beträgt.

In völliger Analogie zu den Verhältnissen in der Atomhülle finden sich aber auch Lebensdauern bezüglich der γ-Quanten-Emission in der Größenordnung von Sekunden. Man spricht auch hier den Ausgangszustand als einen „metastabilen" Zustand des Kernes an und kennzeichnet den Abgang aus diesem als „verboten". Kerne, die sich nur in ihrem Anregungszustand unterscheiden, bezeichnet man als Isomere.

Keine Frage, daß die Beobachtung der γ-Quanten-Emission und die Vermessung der Energiespektren in bevorzugtem Maße zur Aufklärung des Kernbaues herangezogen werden. Dieser Problemkreis fällt jedoch aus dem Rahmen der natürlichen Radioaktivität, soweit sie nur die Kernumwandlung betrachtet, heraus.

6.2.2.2. β-Teilchen

Die radioaktiv bei einem bestimmten Zerfallsprozeß emittierten β-Teilchen erfüllen energetisch gesehen stets ein Kontinuum. Dieses Kontinuum besitzt zwar ein mehr oder weniger ausgeprägtes Maximum und eine obere Grenze in der Form einer Maximalenergie, sein Auftreten stellt jedoch hinsichtlich der *diskreten* Struktur des Energiespektrums der α-Teilchen eine Verschiedenheit dar, die auch zunächst erhebliche theoretische Deutungsschwierigkeiten mit sich brachte.

Da bei der radioaktiven Teilchenemission der Atomkern stets von einem bestimmten energetischen Niveau in ein anderes übergeht, der Differenz also eine bestimmte kinetische Energie des emittierten Teilchens entsprechen muß, wäre das Energiekontinuum der emittierten Elektronen unverständlich, wenn nicht noch ein dritter Partner bei dem Zerfallsakt beteiligt ist, der jeweils den fehlenden Energiebetrag übernimmt. Aus diesem Grunde forderte PAULI 1931 die Existenz dieses dritten Teilchens, das von der Erhaltung der Ladung her gesehen die Ladung Null und von der Erhaltung der Masse her gesehen eine kleinere Masse als etwa 1/2000 der des Elektrons haben mußte. Andererseits muß dieses Teilchen als Ausgleich den Spin 1/2 haben, da das Elektron den Spin 1/2 wegführt, der Kern jedoch seine Nukleonenzahl und damit seine Spinverhältnisse nicht ändert.

Dieses theoretisch geforderte Teilchen, von dem anzunehmen war, daß es wegen der fehlenden Ladung und Masse kaum in Wechselwirkung mit der übrigen Materie treten und deswegen schwer nachzuweisen sein wird, nannte er „Neutrino". Es wurde 1955 von REINES und COWAN dann auch experimentell genau mit diesen Eigenschaften gefunden.

Die Neutrinos stehen damit in einer gewissen Analogie zu den Lichtquanten, die ebenfalls keine Ruhmasse und keine Ladung, jedoch einen Spin (= Drehimpuls) besitzen. So wie diese die Quanten der elektromagnetischen Felder sind und mit den elektrostatischen Kräften im Zusammenhang stehen, die die Elektronenhülle des Atoms an den Kern binden, kann man die Neutrinos auch als die Quanten derjenigen Felder ansprechen, die für den Zusammenhalt der Atomkerne verantwortlich sind und die die Kernkräfte liefern.

Die „Reaktionsgleichung" der β^--Emission hat man also in der Form zu schreiben

$$n \rightarrow p + e^- + \nu_0.$$

Abb. 21 zeigt als Beispiel die Energieverteilung der β-Teilchen für den radioaktiven Zerfall des RaE (≡ Bi-210) in Po-210.

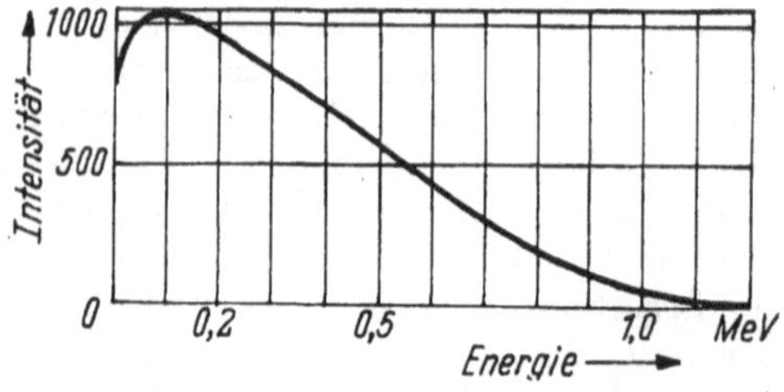

Abb. 21. Beispiel für die kontinuierliche Intensitätsverteilung in Abhängigkeit von der Energie der emittierten Elektronen (hier: β-Aktivität von RaE ≡ Bi-210)

Bei der natürlichen Radioaktivität kommen Maximalenergien der β^--Teilchen bis etwa 3 MeV vor.

Zwischen der Maximalenergie, die für einen bestimmten Zerfallsprozeß charakteristisch ist, und der Zerfallskonstanten λ besteht wie bei den α-Teilchen ein definierter, allerdings zweifacher Zusammenhang, der in dem sogenannten SARGENT-Diagramm der Abbildung 22 zusammengefaßt ist (doppelt logarithmischer Maßstab).

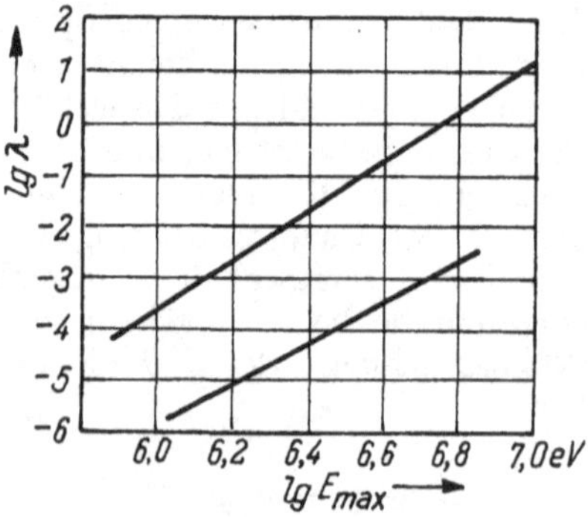

Abb. 22. SARGENT-Diagramm

Im doppeltlogarithmischen Maßstab liegen die gegen die maximale Energie aufgetragenen Zerfallskonstanten der natürlich radioaktiven β-Strahler auf den beiden angedeuteten Kurven

Alle vorkommenden Wertepaare von E_{max} und λ finden auf zwei Geraden Platz, die etwa einer Gesetzmäßigkeit $\lambda = kE_{max}^5$ entsprechen. Beide Geraden unterscheiden sich im doppelt logarithmischen Maßstab um eine nahezu konstante Differenz, d. h. in der Gesetzmäßigkeit im Proportionalitätsfaktor k.

Bei gleicher Maximalenergie läuft die eine Sorte von Zerfallsprozessen mit größerer Wahrscheinlichkeit, also „schneller" ab, weswegen man sie in anthropomorpher Weise als „erlaubt" bezeichnet, als die andere Sorte, die entsprechend als „verboten" benannt wird. Man versteht diesen Unterschied theoretisch aus der vorhandenen oder nicht vorhandenen Erfüllbarkeit gewisser Nebenbedingungen („Auswahlregeln") bei den Zerfallsakten (= Energieniveauübergängen).

6.3. *Künstliche Radioaktivität*

Der spontane, von außen nicht erkennbar verursachte Zerfall künstlich erzeugter Atomkerne wird als künstliche Radioaktivität verstanden, obwohl der Zerfall gleichermaßen wie bei der natürlichen Radioaktivität ohne (z. Z. erkennbare) Beeinflussung von außen, d. h. statistisch erfolgt. Künstlich sind vielmehr die zerfallenden Ausgangskerne. Sie sind die Produkte von Kernreaktionen, die von außen durch Beschuß mit geeigneten Teilchen künstlich hergestellt wurden. Oder es handelt sich bei den künstlichen Ausgangskernen um Kerne, die als Bruchstücke bei der Kernspaltung irgendeines Kernes entstanden sind.

In allen Fällen zeigt die Radioaktivität an, daß der Kern instabil ist. Unter Teilchenemission wandelt er sich, u. U. in mehreren Schritten, in stabile Kernkonfigurationen um. Derartige zerfallende, d. h. radioaktive künstliche Kerne bezeichnet man auch als „Radionuklide"; man kennt ihrer z. Z. etwa 1400. Entdeckt wurde die künstliche Radioaktivität 1934 vom Ehepaar F. und I. JOLIOT-CURIE.

Gegenüber der natürlichen Radioaktivität andersartig sind bei der künstlichen Radioaktivität folgende Tatsachen:

1. Emittiert werden selten α-Teilchen, bekannt sind jedoch derartige Radioisotope des Au und Hg und der Seltenerdmetalle. In der überwiegenden Mehrzahl der Fälle werden entweder negative Elektronen (β^--Teilchen) oder — neuartigerweise — positive Elektronen, die Positronen (β^+-Teilchen), emittiert.

2. Die Kernumwandlung geschieht auch unter *Aufnahme* eines negativen Elektrons, das dann aus der eigenen Elektronenhülle (sogenannter E-Einfang), und zwar in der überwiegenden Zahl der Fälle aus der K-Schale stammt. Dabei entsteht Röntgenstrahlung, die in der Form der bekannten Serien, also z. B. der K-Serie, nach außen abgegeben wird. Dieser Umwandlungsprozeß wird dann z. B. auch „K-Einfang" genannt.

3. Es tritt auch Neutronenemission auf.

Einige Bemerkungen sind zur β^+-Aktivität und damit zur zunächst überraschenden Existenz des Positrons zu machen. Die β^--Emission dagegen entspricht der der natürlichen Radioaktivität.

Positronen sind in der Natur nicht stationär frei vorhanden, denn sie „reagieren" mit den überall vorhandenen Elektronen unter Zerstrahlung, d. h. durch Verwandlung in γ-Strahlung. Zerstrahlung ist eine typische Reaktion zwischen einem Teilchen, dem Elektron, und seinem Antiteilchen („Antimaterie"), dem Positron. Bei diesem Zerstrahlungsakt wird die Ruhenergie beider Teilchen (je $0{,}91 \cdot 10^{-30}$ kg) in energiegleiche γ-Strahlung umgewandelt. Aus Gründen der Impulserhaltung sind es *zwei* γ-Quanten mit einer Energie von je 0,5 MeV (Lichtquantenäquivalent von $0{,}91 \cdot 10^{-30}$ kg) bzw. darüber, wenn das Elektron und das Positron noch kinetische Energie besessen haben. Der Energieerhaltungssatz ist damit erfüllt.

Der umgekehrte Prozeß der sogenannten „Paarerzeugung" eines Elektrons und eines Positrons existiert auch.

Ein γ-Quant von ersichtlicherweise notwendig mehr als 1 MeV Quantenenergie wandelt sich in das Elektron-Positron-Paar um.

Die Positronenemission erfolgt von Kernen, die, gemessen an dem stabilen Verhältnis von Protonen zu Neutronen im Kern, einen Protonenüberschuß besitzen (noch aus ihrer Entstehung aus der Kernreaktion oder der Kernspaltung heraus).

Bei der direkten Emission eines *Protons* müßte eine Energie von der Größe der Bindungsenergie eines Protons, bei schweren Kernen also von der Größenordnung 7 MeV, dazu verbraucht werden, die wiederum dem Kern aus einer inneren Anregungsenergie zur Verfügung stehen müßte.

Energetisch leichter und deswegen wahrscheinlicher ist die *Umwandlung* eines Protons in ein Neutron unter Positronenemission. Denn hierzu wird nur eine Energie von etwa 1 MeV verbraucht. Hier resultiert der Energieaufwand aus der Tatsache, daß das Neutron um etwa $1 \cdot 10^{-3}$ AME schwerer ist als das Proton. Diese Masse, etwa 1 MeV äquivalent, muß also energetisch zur Verfügung stehen. Die energetische Situation und damit auch die Zerfallswahrscheinlichkeit wird jedoch insgesamt von der Mitwirkung aller übrigen Nukleonen bestimmt, d. h. netto gesehen durch die Massendifferenz zwischen Ausgangs- und Endkern.

Die Vorstellung ist im einzelnen die, daß der Kern unter Ausnutzung eines derartigen Betrages seiner Anregungsenergie ein Elektron—Positron-Paar erzeugt, wobei das Elektron die Ladung des Protons kompensiert und das Positron emittiert wird. Auch in diesem Fall tritt das bereits bei der β^--Emission erwähnte Neutrino auf, so daß die Reaktionsgleichung zu schreiben ist in der Form:

$$p + 1\,\text{MeV} \rightarrow p + e^- + e^+ \rightarrow n + e^+ + \nu_0.$$

Zu beachten ist, daß bei der β^--Emission wegen des jetzt umgekehrt wirksamen Massenverhältnisses von

Neutron zu Proton eine Aktivierungsenergie nicht erforderlich ist. Die Reaktionsgleichung lautet

$$n \to p + e^- + \nu_0 .$$

Für die *direkte* Neutronenemission dagegen würden auch hier etwa 7 MeV, die Bindungsenergie des Neutrons, erforderlich sein.

Bei einigen künstlichen Kernen besteht sogar die Möglichkeit, unter β^+- *oder* β^--Emission in einen stabileren Kernzustand überzugehen. Dies gilt z. B. für ${}^{64}_{29}Cu$. Diese Doppelmöglichkeit ist der Ausdruck besonderer Energieverhältnisse dieses Kerns gegenüber dem um eine Ordnungszahl höheren ${}^{64}_{30}Zn$-Kern und dem um eine Ordnungszahl niedrigeren ${}^{64}_{28}Ni$-Kern (beides stabile gg-Kerne) (vgl. das Energiediagramm Abb. 23 für die Isobaren mit

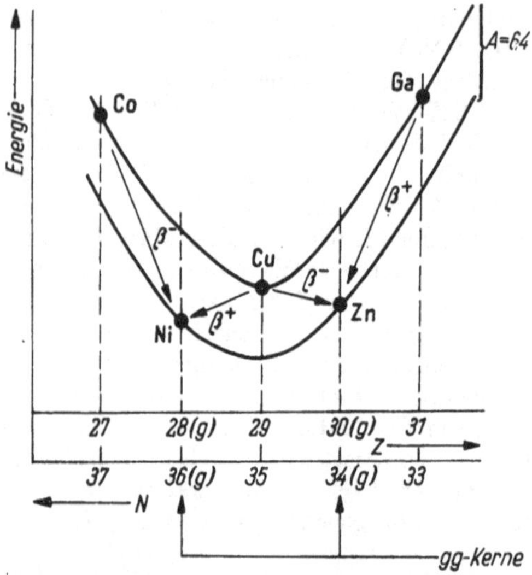

Abb. 23. Energieabhängigkeit der isobaren Kerne mit gerader Nukleonenzahl $A = 64$ von der Ordnungs- bzw. Neutronenzahl (sogenannter Isobarenschnitt durch das Stabilitätstal)

$A = 64$ und benachbarter Ordnungszahl). Der energetisch höher liegende Kern $^{64}_{30}Zn$ wandelt sich nicht in den energetisch tiefer liegenden Kern $^{64}_{28}Ni$ um, da dazu zwei Protonen emittiert werden müßten.

Die Möglichkeit des zweifachen Zerfalls des Cu-64-Isotops resultiert aus der Existenz *zweier* Stabilitätskurven für Isobare mit gerader Nukleonenzahl entsprechend der starken Differenzierung hinsichtlich der Stabilität zwischen gg-Kernen und den uu-Kernen, während Isobare mit ungerader Nukleonenzahl nur *eine* Stabilitätskurve und damit je nur eine eindeutige Zerfallsmöglichkeit besitzen, entsprechend der etwa gleichen Stabilität der gu- bzw. ug-Kerne.

Zum Mechanismus des E-Einfanges, als dem Abbauprozeß eines Protonenüberschusses in einem künstlichen Kern durch *Aufnahme* eines Elektrons, sind ebenfalls einige Einzelheiten anzufügen. Das Elektron wird der eigenen Elektronenhülle, vornehmlich aus der K-Schale, aber auch aus den L, M, . . .-Schalen, entnommen. Dazu ist keine Aktivierungsenergie notwendig. Ausgesandt wird bei der Umwandlung aus dem Kern ein Antineutrino und aus der Hülle die entsprechende Röntgenserie im Gefolge der Wiederbesetzung des frei gewordenen Platzes z. B. in der K-Schale durch die anderen Elektronen, im Bestreben, den tiefstmöglichen energetischen Zustand einzunehmen.

Für das Intensität-Zeit-Gesetz der Röntgenstrahlung gilt entsprechend der Verursachung der Emission ebenfalls das radioaktive Zerfallsgesetz in der exponentiellen Form.

Die Umwandlungsreaktion ist zu schreiben in der Form:

$$\mathrm{p} + \mathrm{e}^- \rightarrow \mathrm{n} + \nu'_0 .$$

Die Möglichkeit des sogenannten Elektroneneinfangs zum Protonenabbau wurde zuerst theoretisch erkannt, danach 1938 durch ALVAREZ experimentell bestätigt.

Die Protonenumwandlung in ein Neutron durch den E-Einfang steht in Konkurrenz mit der durch Positronenemission. Der Kern $^{48}_{23}V$ z. B. kann durch beide Prozesse in $^{48}_{22}Ti$ übergehen.

Bei schweren Kernen mit großer Kernladungszahl überwiegt der Einfangvorgang. Bei leichten Kernen dagegen hängt die Wahrscheinlichkeit für den einen oder anderen Protonenabbauprozeß vom Vorhandensein oder Nichtvorhandensein der Anregungsenergie von mindestens 1 MeV für die Positronenemission ab. Die Positronenemission ist um so wahrscheinlicher, je größer die Anregungsenergie des Kerns ist.

Radioaktive *Neutronenemission* ist im Bereich der *natürlichen* Radioaktivität unbekannt. Man hielt sie auch bei künstlich radioaktiven Kernen für unwahrscheinlich, da die direkte Emission eines Neutrons eine Aktivierungsenergie von etwa 7 MeV, der Bindungsenergie eines Neutrons an einen schweren Kern ($A > 60$) entsprechend, erfordert und so hoch angeregte Kerne kaum bekannt waren.

Im Gefolge der Kernspaltung jedoch treten hinreichend hoch angeregte Kerne in den Zwischenschritten der Umwandlung der instabilen Bruchstücke in stabile Endkerne auf.

$^{17}_{7}N$ z. B. ist ein Radioisotop, das bei der Kernspaltung des U-235 auftritt. Es wandelt sich zunächst unter β^--Emission in $^{17}_{8}O$ um, welches sich seinerseits unter Neutronenemission in $^{16}_{8}O$ umwandelt:

$$^{17}_{7}N \xrightarrow{\beta^-} {}^{17}_{8}O \xrightarrow{n} {}^{16}_{8}O .$$

Diese radioaktive Neutronenemission im Gefolge der Kernspaltung ist für die Steuerungsmöglichkeiten eines Kernreaktors von entscheidender Bedeutung, wie oben bereits dargelegt. Bei der Berechnung der Reaktivität zählen diese Neutronen gleichberechtigt neben den unmittelbar bei der Kernspaltung als Bruchstücke frei werdenden Neutronen mit. Diese radioaktiven Neutronen jedoch treten, und darin liegt ihre Bedeutung, „verspätet" auf. Die Verspätungszeit, die in der Größenordnung von 0,1 ... 100 s liegt, ist natürlich immer nur ein statistischer Mittelwert und bezieht sich auf den Zeitpunkt der Spaltung. Die Verspätung tritt u. U. auf, um beim obigen Beispiel zu bleiben, da der Kern $^{17}_{7}N$ eine große Lebensdauer gegenüber dem β^--Zerfall hat, und nicht etwa, weil die des Neutronenzerfalls des $^{17}_{8}O$ so langsam wäre.

Wie oben schon ausgeführt, treten bei der Spaltung von U-235 im Mittel bei allen durch die Wahrscheinlichkeitsverteilung der Abbildung 10, S. 53, gegebenen Bruchstücken und neben den im Mittel 2,5 Neutronen als unmittelbare Spaltstücke etwa im Mittel 0,018 Neutronen, das sind 0,7% von allen, als verspätete und eigentlich *radioaktive* Neutronen auf.

Zur Frage der künstlichen Radioaktivität wäre abschließend noch auf die Protonen- oder Deuteronenemission hinzuweisen, die bei Kernreaktionen innerhalb von weniger als etwa 10^{-12} s auftritt und von Mutterkernen ausgeht, die bei dieser Kernreaktion gebildet wurden. Man kann diese Emission auch als „Zerfall“ auffassen und damit unter die Radioaktivität subsumieren oder aber in den Rahmen der Kernreaktionen einordnen (vgl. weiter unten).

7. Kernreaktionen

7.1. *Allgemeine Übersicht*

Unter Kernreaktionen versteht man erzwungene Kernumwandlungen, die eindeutig und reproduzierbar ablaufen. Kernreaktionen sind von der Kernspaltung zu unterscheiden, bei der der Kern zunächst lediglich in einen instabilen Zustand versetzt wird, in dem, oder besser aus dem, er in Bruchstücke statistischer Größe zerfällt.

Kernreaktionen können zu stabilen Kernen führen oder zu Kernen, die sich dann radioaktiv weiterverwandeln. In diesem Sinne sind die Kernreaktionen neben der Kernspaltung die wichtigste Quelle der Radioisotope, d. h. der künstlichen Radioaktivität.

Nach der Entdeckung der ersten Kernreaktion 1919 von Rutherford, bei der er $^{14}_{7}N$ durch Beschuß mit

α-Teilchen in $^{17}_{8}O$ und ein einzelnes ausgesandtes Proton verwandelte, sind eine übergroße Zahl von Kernreaktionen durchgeführt worden.

Im Rahmen der vorliegenden Darstellung kann die Vielfalt der Möglichkeiten der Kernreaktionen nur im Prinzip angedeutet werden, und auf eine Interpretation im Sinne theoretischer Kernmodelle muß ganz verzichtet werden. Es soll vielmehr der Hinweis im Vordergrund des Interesses stehen, welche Kernreaktionen im Gefolge der bei der Kernspaltung ablaufenden Prozesse auftreten können.

Eigentümlichkeit der Kernreaktion ist es, daß der eine Reaktionspartner in der überragenden Zahl der Fälle *a*) ein Elementarteilchen ist und *b*) diesem eine hohe Energie mitgeteilt werden muß, um die Reaktion in Gang zu bringen. Der Reaktionspartner ist also ein „Geschoß", das man aus radioaktiven Quellen, der Kernspaltung oder aus Teilchenbeschleunigern bezieht.

Als Geschosse finden vorwiegend Neutronen und Protonen, aber auch Deuteronen und α-Teilchen sowie γ-Quanten Verwendung, seltener dagegen Elektronen, Tritonen, He-3-Kerne oder schwerere Kerne als He-4.

Als Beispiel jedoch für eben eine solche Kernreaktion mit einem schweren Kern möge die Reaktion angeführt werden, die 1966 zum Element 104 „Kurtschatowium", dem künstlichen Element der z. Z. zweithöchsten Ordnungszahl, geführt hat. Zvára und Mitarbeiter beschossen dazu Pu-242-Kerne mit beschleunigten Ne-22-Ionen bzw. -Kernen, sie erhielten Kt-260 mit einer Halbwertszeit von 0,3 s.

Typisch für die Kernreaktionen ist ferner, daß dabei wiederum Korpuskular- oder γ-Strahlung emittiert wird: α-Teilchen, Protonen, Neutronen und γ-Quanten, seltener Deuterium, Tritium oder He-3-Kerne. Schwerere Teilchen als α-Teilchen treten, außer dem eigentlichen Reaktionsprodukt, nicht auf.

---

[1]) Das noch unbenannte Element 105 wurde 1968 ebenfalls in der Sowjetunion künstlich erzeugt.

Die Geschosse und das emittierte Teilchen werden in der Kurzschreibweise der Reaktionsgleichung in einer Klammer in der Reihenfolge ihrer Aktion aufgeführt, und zwar in kleinen Buchstaben. So schreibt sich die erste Kernreaktion von RUTHERFORD in der Kurzform:

$$^{14}_{7}\mathrm{N}\ (\alpha, \mathrm{p})\ ^{17}_{8}\mathrm{O}.$$

Die folgende Tabelle 3 gibt eine Übersicht über die gebräuchlichsten Reaktionstypen, und Abb. 24 zeigt die

Tabelle 3. Wichtige Kernreaktionstypen

Geschoß-teilchen	Emittiertes Teilchen						
	α	p	n	2n	γ		
α		×	×			×	×
p	×		×		×		
d	×	×	×	(×)		×	×
n	×	×		×	×	×	×
(γ)			×	×			

Kernspaltung möglich (vorletzte Spalte)
Kernsplitterung möglich (letzte Spalte)

Reaktionsmöglichkeiten des Kerns F-19. Für jede Reaktion bleibt die Bilanz der Ladungserhaltung und der Erhaltung der Zahl der Nukleonen erfüllt.

Die Reaktionsformel berücksichtigt nur die Ausgangssituation und die Endform der Kernreaktion. Für die Theorie der Kernreaktion sind jedoch auch die möglichen Zwischenschritte von großem Interesse. Ein Deuteron oder Triton als Geschoß wirkt möglicherweise wie ein Neutron, da das Proton bei Eindringen in den Kern „abgestreift“ wird („stripping process“). Umgekehrt kann auch das Proton im Kern „steckenbleiben“. Das Neutron fliegt dann (meist mit etwa halber Energie) weiter. Solche Neutronen nennt man abgestreifte Neutronen. Derartige Reaktionsprozesse können als Neutronenquellen ausgenutzt werden.

Elektronen als Geschosse können statt selbst auch über die γ-Quanten wirken, die bei ihrer Abbremsung entstehen, usw.

Bei bestimmten Kernreaktionen können auch mehrere Elementar- oder α-Teilchen emittiert werden. Derartige

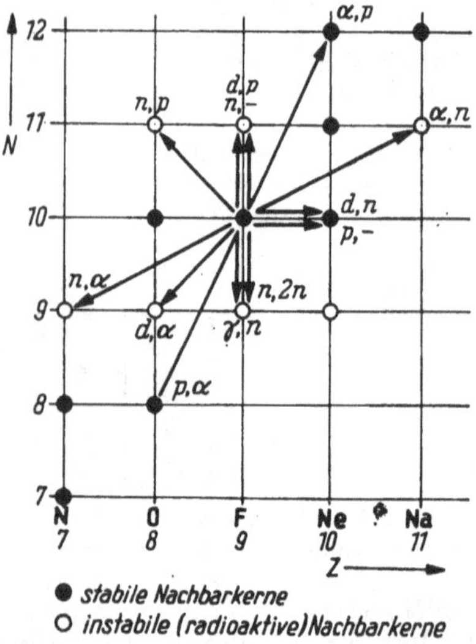

Abb. 24. Beispiel für die bisher bekannten Kernreaktionen der Umwandlung von Fluor-19

Reaktionen setzen jedoch sehr große Geschoßenergien voraus, da bei der Ablösung eines Nukleons von relativ schweren Kernen jeweils die 7 ... 8 MeV Bindungsenergie verbraucht werden. Beim Beschuß von $^{75}_{33}$Ag z. B. mit 400-MeV-α-Teilchen entsteht über den Zwischenkern $^{79}_{35}$Br der Kern $^{38}_{17}$Cl bei gleichzeitiger Emission von 41 Nukleonen.

Derart hohe Geschoßenergien setzen große Teilchenbeschleuniger voraus, treten jedoch auch unter der Einwirkung der Höhenstrahlung auf.

Die Art der im einzelnen vor sich gehenden Kernreaktion hängt nicht nur von der Geschoßart, sondern auch von der Geschoßenergie ab. Dies äußert sich rein phänomenologisch in den spezifischen und energieabhängigen Reaktionsquerschnitten.

Bei kleinen Energien kommen vornehmlich Zwischenkernreaktionen vor. Es handelt sich dabei zunächst gewissermaßen um eine Kollektivanregung des Summenkerns, wobei wegen des Verlustes des „Gedächtnisses" der Herkunft der Anregung häufig mehrere Wege der nachfolgenden Umwandlung durch Teilchenemission bestehen. Zwischenkernreaktionen erkennt man deswegen spezifisch an diesen Verzweigungsmöglichkeiten.

Eine typische Reaktion dieser Art ist die folgende, bei der das Sternchen den angeregten Zwischenkern bezeichnet:

$$ {}^{14}_{7}\mathrm{N} + \alpha \rightarrow {}^{18}_{9}\mathrm{F}^{*} \begin{cases} \nearrow {}^{17}_{8}\mathrm{O} + \mathrm{p} \\ \searrow {}^{17}_{9}\mathrm{F} + \mathrm{n} \end{cases} $$

Bei der Variation der Energie des α-Teilchens ändert sich das Wahrscheinlichkeitsverhältnis beider Wege. Man spricht in Analogie zu chemischen Verhältnissen von einer Abhängigkeit der Reaktion von der Reaktionstemperatur.

Eine typische Zwischenkernreaktion mit einer Vielzahl von Endprodukten nahezu gleicher Wahrscheinlichkeit ist die Reaktion über den angeregten ${}^{65}_{30}\mathrm{Zn}$-Kern, der sogar auf zwei Arten erhalten werden kann:

$$ \begin{array}{l} {}^{63}_{29}\mathrm{Cu} + \mathrm{d} \searrow \\ \qquad\qquad {}^{65}_{30}\mathrm{Zn}^{*} \\ {}^{64}_{30}\mathrm{Zn} + \mathrm{n} \nearrow \end{array} \begin{array}{c} \nearrow \\ \rightarrow \\ \searrow \end{array} \boxed{\begin{array}{ll} {}^{65}_{30}\mathrm{Zn} + \gamma & {}^{61}_{28}\mathrm{Ni} + \alpha \\ {}^{64}_{30}\mathrm{Zn} + \mathrm{n} & {}^{62}_{29}\mathrm{Cu} + \mathrm{t} \\ {}^{64}_{29}\mathrm{Cu} + \mathrm{p} & {}^{63}_{29}\mathrm{Cu} + \mathrm{d} \\ {}^{63}_{30}\mathrm{Zn} + 2\mathrm{n} & \end{array}} $$

Schließlich wäre als typische Zwischenkernreaktion ein Zerfall in zwei α-Teilchen zu nennen, wie er z. B. beim Beschuß von $^{7}_{3}Li$ mit einem Proton entsteht:

$$^{7}_{3}\mathrm{Li} + \mathrm{p} \rightarrow {}^{8}_{4}\mathrm{Be}^{*1}, \qquad {}^{8}_{4}\mathrm{Be}^{*2} \rightarrow 2\alpha .$$

$^{8}_{4}Be^{*2}$ hat eine besonders hohe Anregungsenergie, da sich die Nukleonen des zunächst gebildeten $^{8}_{4}Be^{*1}$ in α-Teilchen umordnen, wobei ein Teilbetrag der hohen Bindungsenergie der α-Teilchen zusätzlich frei wird.

Bei hohen Geschoßenergien ist die entsprechende Wellenlänge der Materiewelle des anfliegenden Teilchens so klein, daß das Geschoß nur einzelne Nukleonen „sieht", mit denen es dann singulär in Wechselwirkung tritt. Es kommen dabei auch Mehrfachstöße im Kern vor.

Schließlich sind bei den möglichen Kernwechselwirkungen auch die elastische und die unelastische Streuung des Geschosses zu erwähnen, bei der das Geschoß selbst wieder emittiert wird, und zwar mit geänderter Energie. Während bei der elastischen Streuung die Energie in der Form reiner Bewegungsenergie des Geschosses und des Streuzentrums erhalten bleibt, tritt bei der unelastischen Streuung eine Energietransformation dergestalt hinzu, daß ein Teil der Bewegungsenergie in Anregungsenergie, d. h. potentielle Energie, übergeführt wird.

Zu den in der Tabelle zusammengestellten wichtigsten Kernreaktionen sind noch einige spezifische Bemerkungen anzufügen.

7.2. *Spezielle Ergänzungen*

7.2.1. *Reaktionsprozesse mit positiven Teilchen*

Reaktionsprozesse mit positiven Teilchen als Geschosse setzen eine hohe kinetische Energie für sie voraus, denn die positiven Teilchen müssen die elektrostatische Abstoßung durch die Z-fach positive Ladung des Kernes überwinden. Da sich die Höhe des zu überwindenden

Potentialwalles (GAMOW-Wall) aus dem COULOMBschen Gesetz verstehen läßt, spricht man auch von der notwendigen Überwindung der COULOMB-Abstoßung.

Aus dem COULOMBschen Gesetz ergibt sich für eine einfach positive Elementarladung, die sich einer Z-fach positiven Ladung aus großer Entfernung — strenggenommen aus dem Unendlichen kommend — bis auf den Radiusabstand r nähern soll, ein notwendiger Energiebetrag von

$$E_{\text{1fach pos.}} = \frac{Z\,e^2}{4\pi\,\varepsilon_0 r} \quad \text{(in MKSA-Einheiten);}$$

$$\varepsilon_0 = \frac{1}{4\pi \cdot 9 \cdot 10^9} \quad \frac{\text{As}}{\text{Vm}}$$

oder, in Zahlen ausgedrückt, in der Einheit MeV für die Energie, wobei r in cm einzusetzen ist, näherungsweise:

$$E_{\text{1fach pos.}} \doteq Z\,\frac{1{,}5 \cdot 10^{-13}}{r\ (\text{in cm})} \qquad (\text{in MeV}).$$

Da eine Annäherung etwa auf die Radiusentfernung des Kernradius von etwa $6 \cdot 10^{-13}$ cm notwendig ist, um die Kernreaktion im Wirkungsbereich der Kernkräfte ablaufen zu lassen, ergibt sich als Beispiel für einen Kern der Ordnungszahl $Z = 40$ daraus eine notwendige kinetische Energie von 9,6 MeV für ein Proton oder 19,2 MeV für ein α-Teilchen, wenn diese als „Geschosse" eine Kernreaktion auslösen sollen.

Von *Kernreaktionen mit α-Teilchen* war oben schon die Rede. RUTHERFORDS erste Kernreaktion war dieser Art.

Eine der ersten künstlichen Kernreaktionen war z. B. auch die folgende:

$$^{27}_{13}\text{Al}\ (\alpha, \text{n})\ ^{30}_{15}\text{P} \xrightarrow[2{,}5\ \text{min}]{\beta^+} \ ^{30}_{14}\text{Si}\ \text{(stabil).}$$

Kernreaktionen mit Protonen führen entweder zu Radionukliden, wobei ein reiner p-Einfang, z. B. im Fall der

Reaktion mit Kohlenstoff

$$^{12}_{6}C + p = ^{13}_{7}N \quad \text{(radioaktiv)},$$

oder auch die Emission eines Nukleons beobachtet wird:

$$^{11}_{5}B\,(p, n)\,^{11}_{6}C\ (\beta^{+}\text{-aktiv}),$$

oder auch zu stabilen Endprodukten wie im Fall

$$^{19}_{9}F\,(p, \alpha)\,^{16}_{8}O \quad \text{(stabil)}.$$

Eine Kernreaktion ohne Änderung der Ordnungszahl findet z. B. am Beryllium statt:

$$^{9}_{4}Be\,(p, d)\,^{8}_{4}Be\,.$$

Die Beispiele bezogen sich auf Kernreaktionen mit Protonen. Verwendet man Deuteronen oder Tritonen als Geschosse, auch jeweils einfach positiv geladen, aber mit zusätzlich einem bzw. zwei Neutronen versehen, so erhält man durch die bereits genannten „stripping"-Prozesse praktisch Neutronenkernreaktionen.

7.2.2. *Kernreaktionen mit Neutronen*

Die Kernreaktionen mit Neutronen sind sehr zahlreich. Prinzipiell benötigen die Neutronen keine kinetische Energie, um den Kern des Reaktionspartners zu erreichen, da sie wegen des Fehlens einer Ladung auch keine elektrostatische Abstoßung erfahren. Aus diesem Grunde sind bekanntlich die vielen Reaktionen mit thermischen Neutronen möglich, d. h. mit Neutronen, die nur eine der Temperatur der Materie entsprechende kinetische Energie in der Größenordnung von kT besitzen, d. h. bei Zimmertemperatur etwa 1/40 eV.

Im Reaktor sind Kernreaktionen mit Neutronen wichtig, die dem Typus

$$\mathrm{A}(\mathrm{n}, x\mathrm{n})\,\mathrm{B}; \quad x > 2$$

entsprechen, z. B. die Reaktion am Kalium

$$^{39}\text{K (n, 2n)}\,^{38}\text{K}$$

oder Beryllium

$$^{9}\text{Be (n, 2n)}\,^{8}\text{Be},$$

bei der zwei Neutronen emittiert werden.

Im Fall dieser Reaktionen wird die Massenzahl des Ausgangskerns erniedrigt. Dies bedeutet, daß das Geschoßneutron in diesem Fall doch eine kinetische Energie besitzen muß, deren Mindestbetrag sich aus der Ablösearbeit der zusätzlichen Neutronen, d. h. deren Bindungsenergie, ergibt. Für *ein* zusätzliches Neutron sind also bei den schweren Kernen etwa wieder die bekannten 7 ... 8 MeV notwendig. Die Geschoßenergie muß außerdem über den Betrag der Bindungsenergie der zusätzlich emittierten Neutronen hinaus größer sein, wenn diese eine kinetische Energie besitzen.

Umgekehrt folgt aus der notwendigen Energieerhaltung bei der Kernreaktion, daß die kinetische Energie der wieder emittierten Neutronen stets kleiner ist als die des primären Geschoßneutrons. Hier liegt zusammen mit der Tatsache, daß die Reaktionsquerschnitte nicht unendlich groß sind, der Grund, warum in der Form der Kernreaktionen keine *Ketten*reaktion möglich ist.

Neben den (n, n)- bzw. (n, xn)-Reaktionen sind die (n, α)- und die (n, p)-Reaktionen von großer technischer Bedeutung, da sie als Nachweisreaktionen für die Existenz von Neutronen Verwendung finden. Neutronen selbst ionisieren Materie nicht. Da der Nachweis von Ionen jedoch elektrisch bequem ist, kann man sich an die Ionen halten, die bei diesen Reaktionen auf dem Umweg über die Ionisierung durch die ausgesandten α-Teilchen bzw. Protonen auftreten.

Beispiele für derartige Reaktionen sind:

$$^{10}_{5}\text{B (n, }\alpha)\,^{7}_{3}\text{Li} \quad \text{oder} \quad ^{14}_{7}\text{N (n, p)}\,^{14}_{6}\text{C}.$$

Schließlich sind bei den Neutronenkernreaktionen die (n, γ)-Reaktionen zu nennen, z. B. die Reaktion am U-238, die die Neutronenbilanz bezüglich der Kernspaltung im Natururan oder im angereicherten Uran verschlechtert, als Brutreaktion für Pu-239 jedoch willkommen ist:

$${}^{238}_{92}U + n = {}^{239}_{92}U + \gamma \text{ } (\beta^- \text{-aktiv bis zum Zerfall in } {}^{239}_{94}Pu).$$

Die (n, γ)-Reaktionen sind von technisch großer Bedeutung im Sinne der Abschirmmaßnahmen und der Strahlengefährdung. Die ausgesandten γ-Strahlen sind wegen ihrer hohen Energie von großer Durchdringungsfähigkeit, was eine hinreichende Abschirmung gegen sie notwendig macht. Aber auch die Abschirmung gegen Neutronen muß möglichst total sein, da praktisch in allen Materialien (n, γ)-Prozesse auftreten.

Die γ-Strahlen rufen wiederum künstliche Radioaktivität hervor (vgl. das folgende), sie „transportieren" gewissermaßen mit ihrer großen Durchdringungsfähigkeit die Radioaktivität in den Außenraum des Reaktors.

Auch der reine Neutroneneinfang kommt analog zum Protoneneinfang vor und führt zu künstlicher Radioaktivität in der Form von Positronenstrahlung zum Abbau des Neutronenüberschusses. Genannt sei als Beispiel die Reaktion

$${}^{107}_{47}Ag + n = {}^{108}_{47}Ag \text{ } (\beta^+ \text{-aktiv}).$$

7.2.3. *Kernreaktionen mit γ-Quanten*

Kernreaktionen mit γ-Quanten als auslösende Reaktionspartner sind eigentlich Photonenprozesse, man spricht auch vom „Kernphotoeffekt". Sie kommen relativ selten vor, da es sich nur dann um eine eigentliche Kernumwandlung handelt, wenn ein Elementarteilchen oder α-Teilchen als Folgeprodukt ermittelt wird. Andernfalls bedeutet die Aufnahme (Absorption) und Abgabe (Emission) von γ-Quanten nur Übergänge zwischen den Anregungsniveaus eines Kerns ohne eigentliche Umwandlung.

Wird ein Nukleon emittiert, so muß das γ-Quant in der Form seiner Quantenenergie mindestens die Bindungsenergie des Nukleon mitbringen, damit die Ablösearbeit geleistet werden kann. Die Quantenenergie muß also wieder in der Größenordnung einiger MeV liegen. Umgekehrt kann man bei der Variation der Energie des γ-Quants das Auftreten von emittierten Neutronen beobachten und aus der Mindestenergie relativ bequem die Bindungsenergie eines Neutrons an den Kern bestimmen. In modernen Teilchenbeschleunigern, für Elektronen (Elektronensynchrotrons) läßt sich eine „Bremsstrahlung“ bis in die Größenordnung von 1000 MeV Quantenenergie erzeugen, die zu solchen Untersuchungen herangezogen wird.

Der Kernphotoeffekt am schweren Wasserstoff erfordert jedoch nur eine Energie von 2,17 MeV:

$$^{2}_{1}\mathrm{H}\,(\gamma, \mathrm{n})\,^{1}_{1}\mathrm{H}.$$

Es entsteht leichter Wasserstoff. Dieser Prozeß ist bedeutungsvoll für den Betrieb eines mit Schwerwasser moderierten Reaktors, da sich der Moderator dann in leichtes Wasser umwandelt. Es existiert jedoch auch der inverse Prozeß $^{1}_{1}\mathrm{H}\,(\mathrm{n}, \gamma)\,^{2}_{1}\mathrm{H}$, in dem durch Neutronen das schwere Wasser zurückgebildet wird.

Da Beryllium ein wichtiger Reaktorwerkstoff ist, sei auch noch auf den Kernphotoeffekt an diesem Element hingewiesen: $^{9}_{4}\mathrm{Be}\,(\gamma, \mathrm{n})\,^{8}_{4}\mathrm{Be}$. Dazu sind nur 1,6 MeV γ-Quantenenergie notwendig.

Bei kleinen γ-Quantenenergien, unter 30 MeV etwa, tritt im Prinzip zunächst nur eine Anregung des Kerns in einen isomeren Zustand ein, aus dem dann die Emission von Neutronen am wahrscheinlichsten ist. Der Wirkungsquerschnitt für diesen Kernphotoeffekt steigt proportional zur Ordnungszahl des Elements. Bei hinreichender γ-Quantenenergie (etwa über 6 MeV) tritt auch die Emission von *zwei* Neutronen auf.

Bei Energien über 30 MeV treten dann auch direkte Wechselwirkungen mit den Kernnukleonen auf, was sich z. B. in der Emission eines Protons äußert. Bei diesen (γ, p)-Prozessen wächst der Wirkungsquerschnitt ebenfalls mit der Ordnungszahl.

Als (γ, p)-Reaktion kann z. B. auch die Spaltung des Deuteriums in ein Neutron und ein Proton gelten, eine Reaktion, die man jedoch auch als (γ, n)-Reaktion auffassen kann:

$$^{1}_{2}\mathrm{D} + \gamma = \mathrm{n} + \mathrm{p}.$$

Auch α-Teilchenemission kommt als Kernphotoeffekt vor, z. B.

$$^{16}_{8}\mathrm{O}\,(\gamma, \alpha)\,^{12}_{6}\mathrm{C}.$$

Diese Reaktion verläuft energieverzehrend, d. h. endotherm, da das γ-Quant eine Energie von 17,6 MeV besitzen muß, das α-Teilchen jedoch nur eine kinetische Energie von 10 MeV bekommt.

Allgemein wäre zu der Energiebilanz bei den Kernreaktionen zu sagen, daß in ihr neben den Energien des Geschosses und der Reaktionspartner in der Form von kinetischer Energie, oder Photonenenergie bei den γ-Quanten, wesentlich die Massendefekte zu berücksichtigen sind. Bei der *Verteilung* der Energien auf die Reaktionspartner muß jedoch neben der Energieerhaltung auch die Impulserhaltung berücksichtigt werden.

Bei der oben bereits aufgeführten (n, γ)-Reaktion der Umwandlung des leichten Wassers in schweres Wasser handelt es sich wegen der Anlagerung eines Neutrons und der dabei frei werdenden Bindungsenergie um eine stark *exotherme* Reaktion, bei der pro Elementarakt 2,23 MeV frei werden. Diese Reaktionsenergie (das Neutron war vorher thermisch, seine Energie und sein Impuls können vernachlässigt werden) verteilt sich auf die kinetische Energie des Kerns D-2 und die Energie des γ-Quants. Aus dem Impulserhaltungssatz folgt jedoch die Gleichheit des Produktes von Masse und Geschwindigkeit für beide Teile. Da dem γ-Quant als einem Lichtquant keine Ruhmasse zukommt und damit sein Impuls nur durch h/λ gegeben ist (h = PLANCKsches Wirkungsquantum) muß es eine außerordentlich kleine Wellenlänge λ bzw. eine hohe Frequenz erhalten. Es nimmt damit praktisch allein die ganze Reaktionsenergie auf.

Exotherm ist auch die (d, p)-Reaktion $^{2}_{1}D$ (d, p) $^{3}_{1}T$ + 3,94 MeV.

Die exotherme Reaktionsenergie ist besonders hoch, wenn sich bei der Reaktion α-Teilchen bilden, da dabei deren hohe Bindungsenergie ins Spiel kommt. Als Beispiel möge angeführt werden:

$$^{6}_{3}\text{Li}\ (\text{d}, \alpha)\ ^{4}_{2}\text{He} + 22{,}3\ \text{MeV}.$$

Exotherme Kernreaktionen dieser oder ähnlicher Art bilden den Ausgangspunkt für die Bemühungen, Kernenergie durch „Fusion“ zu gewinnen. Es wurde oben bereits dargelegt, daß sie mit technischer Ausbeute nur bei sehr hohen Temperaturen, die z. Z. noch nicht stationär aufrechterhalten werden können, betrieben werden könnten.

Zum Abschluß dieses Kapitels über Kernreaktionen wäre nur noch zu erwähnen, daß Reaktionen mit β^--Teilchen, also Elektronen, praktisch nicht vorkommen. Würde für den Kern eine Reaktionsbereitschaft dazu, d. h. ein hoher diesbezüglicher Wirkungsquerschnitt, existieren, so wird die Reaktion dann auch bereits mit großer Wahrscheinlichkeit durch E-Einfang abgelaufen sein. Andererseits werden Elektronen als Geschosse in der Elektronenhülle der Atome durch elektrostatische Abstoßung so stark abgebremst, daß sie die Hülle kaum durchdringen und den Kern schwer erreichen können.

8. Kernstrahlung

8.1. *Strahlungsdosis*

8.1.1. *Das „Röntgen“*

Während sich die momentane *Messung* der radioaktiven Strahlung und der mit der γ-Strahlung verwandten Röntgenstrahlung in der Mehrzahl der Fälle auf die Strahlungs*leistung* bezieht, z. B. auf die Erfassung einer bestimmten Zahl von Quanten oder Korpuskeln pro

Sekunde im Empfänger, so bezieht sich die Dosis auf die insgesamt empfangene Strahlungswirkung, d. h. die *insgesamt* im Empfänger aufgenommenen Quanten oder Korpuskeln der radioaktiven α-, β-, γ-Strahlung bzw. Röntgenstrahlung einschließlich der mit der Absorption verbundenen Folgeerscheinungen.

Die empfangene Dosis bezieht sich also auf die angesammelte oder integrale Wirkung der Korpuskular- bzw. Röntgenstrahlung und berücksichtigt dabei nicht den Zeitraum, in dem die Dosis empfangen wurde.

Die Art und Problematik des Dosisbegriffes wird am besten deutlich, wenn man mit der historisch ersten Dosiseinheit, dem „Röntgen“, beginnt.

Die Dosiseinheit des Röntgen bezieht sich *a*) nur auf die γ- bzw. Röntgenstrahlung und *b*) auf eine ganz spezifische Wirkung dieser Strahlung in einem bestimmten Material, nämlich in Luft.

Das Röntgen ist international wie folgt definiert: „Das Röntgen (r) ist eine solche Menge einer Röntgen- oder γ-Strahlung, daß die damit verbundene Korpuskularemission je 0,001293 g Luft[1]) Ionen in Luft erzeugt, die eine elektrostatische Einheit der Elektrizitätsmenge beiderlei Vorzeichens tragen“.

Einer elektrostatischen Ladungseinheit entspricht eine Ladungsmenge von $2{,}08 \cdot 10^9 \times 1{,}6 \cdot 10^{-19}\ C = 3{,}33 \cdot 10^{-10}$ C.

Die neue Definition des Röntgen („R“) (vgl. [16], S. 219) bezieht sich jetzt direkt auf diese Ionenladung (*eines* Vorzeichens), freigesetzt je Kilogramm Masse in Luft, und legt fest:

$$1\ \mathrm{R} = 2{,}58 \cdot 10^{-4}\ \mathrm{C/kg}\ \text{(genau) in Luft.}$$

Diese Dosiseinheit wird auch als Ionendosis bezeichnet. Sie ist quantitativ mit der alten Definition gleich, legt jedoch den genauen Ladungswert in Coulomb fest. Da

---

[1]) Das ist die Masse von 1 cm³ trockener atmosphärischer Luft bei 0°C und 760 Torr.

$1{,}6 \cdot 10^{-19}$ C die Ladungsmenge der Elementarladung (eines Elektrons) ist, kann man die durch 1 R in der genannten Luftmenge freigesetzte Ladungsmenge auch so formulieren, daß $2{,}08 \cdot 10^9$ Ionenpaare mit je einer positiven und einer negativen Elementarladung erzeugt sind.

Bei der mit Ladung verbundenen Korpuskularemission in der Definition der Röntgeneinheit sind nicht nur die primären, sondern auch alle sekundären Prozesse zu erfassen, die von den bei der primären Wechselwirkung entstehenden Produkten (Teilchen oder auch γ- bzw. Röntgenstrahlung) hervorgerufen werden und zu isolierten Ladungen führen.

In der Praxis der Meßtechnik (vgl. dort) wird diese totale entstehende Ladung in einfacher Weise dadurch erfaßt, daß der maximale Strom im Meßvolumen der Ionisationskammer gemessen wird.

Eine Dosisleistung von 1 R/s in einer Ionisationskammer von 1 cm³ Luftvolumen unter Normalbedingungen liefert einen (Sättigungs-) Strom von

$$2 \cdot 2{,}08 \cdot 10^9 \cdot 1{,}6 \cdot 10^{-19}\ \mathrm{C/s} = 6{,}7 \cdot 10^{-10}\ \mathrm{A}.$$

Als Dosis*leistung* bezeichnet man den Quotienten aus der empfangenen Dosis und der Zeit der Strahleneinwirkung. Bei zeitlicher Variation der Strahlungsintensität müssen hinreichend *kleine* Zeitintervalle zur Bestimmung der Dosisleistung benutzt werden.

Die Rückrechnung von einer Dosisleistung (in R/s) auf die Flächendichte I (in Quanten/cm² s) der einfallenden Photonen ist nur dann möglich, wenn man eine genaue Kenntnis der Energie der Röntgen- bzw. γ-Strahlung besitzt. Für durchdringungsfähige, d. h. relativ hochenergetische Röntgenstrahlung, die nur eine schwache Absorption erfährt, besteht nämlich der Zusammenhang, daß die empfangene Dosisleistung dem Produkt aus der Flächendichte I der Photonenstrahlung, der Quantenenergie E und dem Energieabsorptionskoeffizienten K proportional ist:

$$\text{Dosisleistung} \approx I\,E\,K\,.$$

Der Bedeutung des Absorptionskoeffizienten entsprechend (vgl. auch Abschnitt 4.2.3.1.) erhält man die pro Wegeinheit absorbierte Photonenzahl aus der Beziehung

$$\frac{\Delta I}{\Delta x} = + K I ;$$

ΔI = *Abnahme* der Photonenstromdichte längs der Strecke Δx. Multipliziert man links und rechts mit der Energie des einzelnen Photons, so erhält man die pro Wegeinheit absorbierte Energie

$$\frac{\Delta I}{\Delta x} E = + K I E .$$

Da für je 32,5 eV Energie im Mittel dabei in Luft unter den angegebenen Normalbedingungen ein Ionenpaar erzeugt wird, gibt die Größe

$$\frac{\Delta I}{\Delta x} E \frac{1}{32{,}5 \cdot 10^{-6}} \quad (E \text{ in MeV})$$

die pro Wegeinheit entstehende Flächendichte der gebildeten Ionenpaare an. Die nochmalige Division durch die Zahl der 1 R bildenden Ionenpaare ($= 2{,}08 \cdot 10^9$) führt zur Dosisleistung in Röntgeneinheiten, wenn als Wegeinheit das Zentimeter und als Bezugsfläche, wie in der Definition von I geschehen, das Quadratzentimeter zugrunde liegt.

Für Luft unter Normalbedingungen gilt also quantitativ der Zusammenhang:

Dosisleistung (in R/s)

$$= \frac{\Delta I}{\Delta x} E \frac{1}{32{,}5 \cdot 10^{-6} \cdot 2{,}08 \cdot 10^9}$$

$$= \frac{10^{-4}}{6{,}8} \cdot K \,(\text{in cm}^{-1}) \cdot I \left(\text{in } \frac{\text{Photonen}}{\text{cm}^2\,\text{s}}\right) \cdot E \,(\text{in MeV}).$$

Der energieabhängige Energieabsorptionskoeffizient von Luft ist in Abb. 25 dargestellt. Bei kleinen Werten des Energieabsorptionskoeffizienten bedarf es zur gleichen Dosisleistung ersichtlicherweise also einer höheren Photonenstromdichte als bei größeren Werten.

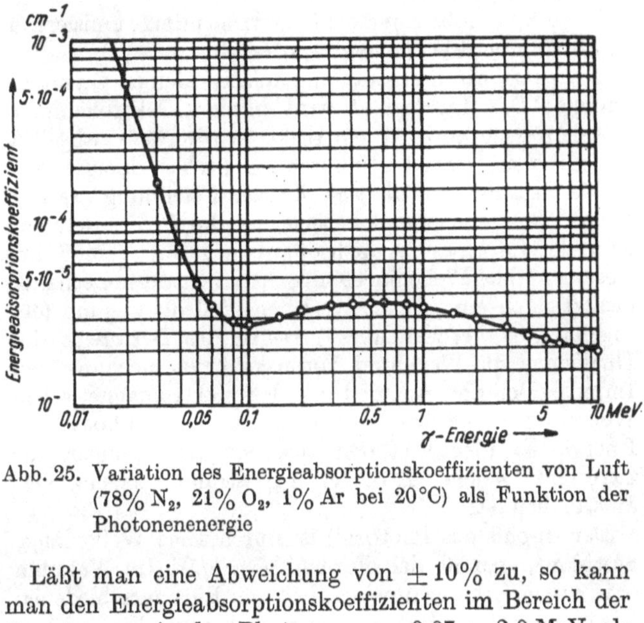

Abb. 25. Variation des Energieabsorptionskoeffizienten von Luft (78% N_2, 21% O_2, 1% Ar bei 20 °C) als Funktion der Photonenenergie

Läßt man eine Abweichung von $\pm 10\%$ zu, so kann man den Energieabsorptionskoeffizienten im Bereich der Quantenenergie der Photonen von 0,07 ... 2,0 MeV als konstant ansehen. Der Wert in diesem Bereich wäre mit $3{,}4 \cdot 10^{-5}$ cm^{-1} anzunehmen. In diesem Fall erhält man dann die Dosisleistung L (in R/s) näherungsweise aus der Beziehung

L (in R/s) $= 0{,}5 \cdot 10^{-9}\, I\, E$;
L = Dosisleistung in Normalluft,
I = Photonenstromdichte (in Photonen/cm^2 s),
E = Photonenenergie (in MeV).

Umgekehrt ist bei 1-MeV-γ-Quanten eine Photonenstromdichte von $2 \cdot 10^9$ Photonen/cm^2 s notwendig, wenn eine Dosisleistung von 1 R/s erzielt werden soll.

Bisher war nur pauschal von der ionisierenden Wirkung der Röntgen- oder γ-Strahlung die Rede. Hinsichtlich der atomistischen Prozesse liegen dabei jedoch verschiedene Fälle vor.

Die Röntgen- bzw. γ-Strahlung wirkt primär ionisierend in Luft durch drei Elementarprozesse.

1. Photoeffekt für Strahlung relativ kleiner Quantenenergie: Das Lichtquant wird in der Elektronenhülle eines Atoms absorbiert, ein Elektron wird dabei abgelöst und fliegt mit einer bestimmten kinetischen Energie weg.

Die Relation, auf die sich die Kennzeichnung „relativ kleine Quantenenergie“ bezieht, ist durch die Betrachtung des Impulses des Lichtquants gegeben. Gemäß den Gesetzen der Wellenmechanik bzw. Quantenmechanik besitzt auch ein „Teilchen“ einer Wellenbewegung (ein sogenanntes „Wellenpaket“) wegen des Bestehens des Dualismus von Welle und Korpuskel einen mechanischen Impuls. Bei der Ausbreitung der elektromagnetischen Wellen ist ein solches Wellenpaket mit dem Photon der Energie $h\nu$ identisch, dem also ein Bewegungsimpuls zukommt, welcher z. B. für den Strahlungsdruck verantwortlich ist.

Der Impuls des Photons[1]) ist durch seine Wellenlänge bestimmt, gemäß der Formel $I = h/\lambda$. Im Vakuum bzw. wegen des nur unwesentlich von Eins verschiedenen Brechungsindex auch in Luft, steht die Wellenlänge über die Vakuumlichtgeschwindigkeit $c = 3 \cdot 10^8$ m/s eindeutig mit der Frequenz und damit mit der Lichtquantenenergie im Zusammenhang: $c = \lambda\nu$, so daß sich der Impuls auch ergibt aus der Formulierung

$$I_{\substack{\text{Vakuum}\\ \text{Photon}}} = \frac{h\nu}{c}.$$

Ein Lichtquant der Energie 30 eV, das sich mit Vakuumlichtgeschwindigkeit bewegt, hat demnach einen

---

[1]) Beziehungsweise jeden Wellenpaketes gleich welcher physikalischer Natur.

Impuls von $1{,}6 \cdot 10^{-26}$ mkg/s. Demgegenüber hat ein Elektron, das sich mit einer kinetischen Energie von 30 eV bewegt, einen Impuls von $I_{30\text{-eV-Elektron}} = 0{,}91 \cdot 10^{-30}$ kg $\cdot\, 3{,}29 \cdot 10^{6}$ m/s $\doteq 3{,}00 \cdot 10^{-24}$ mkg/s, da es sich bei 30 eV Energie mit einer Geschwindigkeit von $v = \sqrt{2\,E/m_0}$ $= 3{,}29 \cdot 10^{6}$ m/s bewegt.

Bei gleicher Energie von 30 eV ist demnach der Impuls des Elektrons etwa 100mal größer als der des Photons.

Photonen einer Energie in der Größenordnung von 30 eV lösen aber bereits Elektronen aus der Atomhülle aus und führen damit zur Ionisierung.

Da das Photon mit einer zur Ionisierung hinreichenden Energie demnach im Vergleich zum bewegten Elektron vergleichbarer Energie praktisch keinen Impuls besitzt, das Elektron jedoch Impuls fortführt, muß zur Erfüllung der Impulserhaltung der Atomrest, das Ion, den gleichen, aber in die entgegengesetzte Richtung weisenden Impuls (entgegengesetzte Flugrichtung) wie das abgelöste Elektron besitzen. Wegen der mindestens um etwa den Faktor $2\,A \cdot 10^{3}$ (A = Nukleonenzahl des Kerns) größeren Masse genügt jedoch dazu eine viel kleinere Geschwindigkeit und entsprechend kleine Energie.

Diese Impulsübernahme durch das schwere Ion ist um so wahrscheinlicher, je fester das Elektron an den Kern gebunden ist. Daraus folgt, daß die Elektronen, die durch diesen sogenannten Photoeffekt vom Atom freigesetzt werden, vornehmlich aus der K-Schale, der dem Kern nächsten Schale der Elektronenanordnung, stammen.

Die kinetische Energie des abfliegenden Elektrons errechnet sich wegen der vernachlässigbaren *Energie*übernahme durch den Kern aus der Quantenenergie der Röntgen- oder γ-Strahlung zu

$$E_{\text{kin}} = h\nu - E_{\text{Bindung in der Elektronenhülle}}.$$

Die Größe der Bindungsenergie in der K-Schale ist z. B. dem Abschnitt 10.3. zu entnehmen.

9*

2. COMPTON-*Effekt* für Röntgen- oder γ-Quanten, deren Energie so hoch ist, daß der Impuls des Quants vergleichbar wird mit dem Impuls eines Elektrons. In diesem Fall ist die Quantenenergie stets erheblich größer als die Bindungsenergie der Elektronen (selbst in der K-Schale von Elementen hoher Ordnungszahl). Aus diesem Grund kann das Elektron demgegenüber praktisch als frei, d. h. ungebunden, betrachtet werden, und für die Wechselwirkung zwischen dem Photon und dem Elektron ist jetzt die Ionenmasse (zum Impulsausgleich) nicht mehr notwendig bzw. kann außer Betracht gelassen werden.

Das Elektron übernimmt jetzt den Impuls direkt vom Photon, welches nun seinerseits mit vermindertem Impuls und damit auch notwendigerweise verminderter Energie weiterfliegt. Verminderte Energie heißt aber verminderte Frequenz bzw. Wellenlänge! Das Photon hat also bei dieser Art der Wechselwirkung seine „Farbe" im Sinne einer „Rotverschiebung" geändert.

Diese Art der Wechselwirkung des COMPTON-Effektes zwischen Photon und Elektron folgt völlig den Gesetzen der klassischen Mechanik, und die Winkel-Energie- und Impulsverteilung auf die beiden Partner vor und nach dem „Stoß" entspricht genau dem elastischen Stoß zweier (idealisierter) Billardkugeln.

Gegenüber dem Photoeffekt, bei dem das Lichtquant absorbiert und seine Quantenenergie völlig in die aufzuwendende Ablösearbeit und die kinetische Energie des Elektrons (und Ions) transformiert wurde, bleibt beim COMPTON-Effekt das Lichtquant erhalten, wenn auch mit geringerer Energie. Es wird also nur ein Teil der Lichtquantenenergie transformiert, der verbleibende Rest bleibt bei dem abgestreuten Lichtquant.

Die Wellenlängenänderung des Lichtquants ergibt sich für einen Streuwinkel ϑ (= Ablenkungswinkel aus der ursprünglichen Flugrichtung) zu

$$\Delta\lambda = \frac{2h}{m_0 c}\sin^2\left(\frac{\vartheta}{2}\right); \qquad m_0 = \text{Elektronenruhmasse.}$$

Die Konstante $h/m_0c = \lambda_C$ mit der Dimension (Länge) bezeichnet man als die COMPTON-Wellenlänge $\lambda_C = 2{,}426 \cdot 10^{-10}$ cm. Ein Lichtquant mit dieser COMPTON-Wellenlänge im Vakuum oder in Luft hat eine Energie von 0,505 MeV. Ein Lichtquant dieser Energie verliert, wenn es bei der Wechselwirkung mit dem Elektron unter einem Winkel $\vartheta = 60°$ abgestreut wird, die Hälfte seiner Energie, also 0,2525 MeV, die das Elektron als kinetische Energie übernimmt.

Man beachte, daß die *Wellenlängen*änderung eines Lichtquants bei einem vorgegebenen Streuwinkel nicht von seiner Anfangsenergie abhängt.

3. Paarerzeugung. Ist die Photonenenergie der elektromagnetischen Strahlung nochmals um Größenordnungen größer und erreicht Werte von 1 MeV und darüber, so tritt mit Ladung verbundene Korpuskularemission auch durch die „Paarbildung" eines Elektrons und eines Positrons auf. Die Quantenenergie der (γ-)Strahlung muß mindestens gleich der Summe der den Ruhmassen von Elektron und Positron äquivalenten Energien sein. Wie bereits ausgeführt, liefert die Relativitätstheorie (und längst auch das Experiment) dazu den Wert von etwa 1 MeV.

Soweit die Erläuterungen zur Mikrophysik der Ionisierungsprozesse.

Bei genauer Betrachtung der Definition des „Röntgen" erkennt man, daß die Dosiseinheit 1 R keine Voraussetzung macht über die Art der die Ionisation auslösenden Röntgen- oder γ-Strahlung, etwa deren Wellenlänge bzw. spektrale Zusammensetzung. Ferner ist sie bezogen auf einen ganz bestimmten Empfänger, nämlich auf Luft unter Normalbedingungen.

Anders ausgedrückt: Hat man in Luft unter den angegebenen Bedingungen eine Dosis von 1 R empfangen, so ist damit einerseits über die Qualität der Strahlung nichts ausgesagt, schließlich werden nur die erzeugten positiven und negativen Ladungen, die bei der Einstrahlung entstehen, gezählt bzw. aus den fließenden

Strömen, etwa in einer Ionisationskammer, zurückgerechnet. Und andererseits kann man keine Rückschlüsse auf Wirkungen in anderen Materialien ziehen, die von dieser Strahlung ausgehen.

Man kann *per definitionem* von keinem anderen Stoff bzw. Lebewesen sagen, es hätte eine Dosis von 1 R empfangen. Zur Vergleichsangabe wäre nur denkbar, in einem Strahlungsfeld anzugeben, daß dort eine solche Strahlung von Röntgen- oder γ-Strahlung herrscht, daß, wenn man dort den definierten Luftempfänger hinstellen würde, man in dieser oder jener Zeitdauer eine Dosismenge von soundsoviel Röntgen in Luft erhalten würde.

8.1.2. *Dosiseinheit „Rad"*

Wegen der prinzipiellen Unübertragbarkeit der Dosiseinheit Röntgen auf andere Materialien hat man eine neue Dosiseinheit Rad (rd) definiert, die sich auf die in einem Empfänger beliebiger Art, d. h. auf die in beliebiger Materie, freigesetzte Energie bezieht, und zwar eine durch Korpuskular-, Röntgen- oder γ-Strahlung freigesetzte Energie, wobei die Frage der Qualität der einfallenden Strahlung nach wie vor offen bleibt.

Das Rad ist wie folgt definiert: 1 rd ist die Dosis, bei der durch Ionisationsvorgänge durch Korpuskular-, γ- oder Röntgenquanten pro Gramm Materie eine Energiemenge von 100 erg freigesetzt wird. Der Ausdruck Rad ist eine Abkürzung für „radiation absorbed dose".

Das Erg ist die Energieeinheit des cgs-Systems, 10^7 erg entsprechen 1 Ws bzw. 1 J.

Die Begründung, warum gerade 100 erg/g absorbierte Energie festgelegt wurden, liegt in dem Vergleich mit der Dosiseinheit Röntgen.

Bedenkt man nämlich, daß für die Bildung eines je einwertigen Ionenpaares in Luft im Mittel 33 eV erforderlich sind, dann entspricht einem Röntgen eine freigesetzte Energie von $33 \cdot 2{,}08 \cdot 10^9$ eV/R bzw. $33 \cdot 2{,}08 \cdot 10^9 \cdot 1{,}6 \cdot 10^{-19}$ Ws/R.

Da dieses Röntgen in 0,001 293 g Luft empfangen wurde, kann man auch sagen, daß in Luft unter Normalbedingungen damit diese Energiemenge in 0,001 293 g Luft freigesetzt wird, das entspricht somit 85 erg/g.

Nimmt man also als Empfängermaterie Luft, so kann man sagen, daß die Dosis 1 rd etwa durch die Dosis 1 R erzeugt wird, genau entspricht 1 R 0,85 rd.

Die Dosiseinheit Rad ist im physikalischen Sinne eine sehr brauchbare Einheit, da sie die pro Gramm freigesetzte Energiemenge angibt, womit sich wenigstens die physikalischen Effekte und Folgeerscheinungen abschätzen lassen, soweit diese eine Folge der freigesetzten Energie sind.

In weichem Zellgewebe wird unter gleichen Bedingungen, d. h. in einem homogenen Strahlungsfeld, etwa 93 erg Energie pro Gramm freigesetzt, wenn dort in Luft eine Dosis von 1 R gemessen wird. Diese Entsprechung ist für praktische Abschätzungen hinsichtlich biologischer Schäden sehr wesentlich.

Eine Bemerkung wäre anzufügen: Setzt man ein homogenes Strahlungsfeld radioaktiver Strahlung voraus und ist demgegenüber die Ausdehnung des bestrahlten Gegenstandes bzw. Lebewesens klein, so tritt eine sogenannte Ganzkörperbestrahlung auf. Wird die Strahlung nicht nennenswert absorbiert, wie z. B. bei der harten, d. h. kurzwelligen γ-Strahlung, so wird in jeder Volumeneinheit und damit in jeder Materienmenge gleicher Art die gleiche Dosis in Rad auftreten. Prozentual gesehen sind die Schäden dann unabhängig von der Größe des Gegenstandes bzw. des Lebewesens. In einem solch großflächigen Strahlungsfeld von Korpuskularstrahlung wird also, auf die gesamte Wirkung bezogen, eine Maus gleiche Schäden erleiden wie ein Mensch (vgl. dazu die Ausführungen im Abschnitt „Toleranzdosis und Strahlenschäden“).

Immer noch ist auch bei der Definition der Dosiseinheit Rad die Qualität der Strahlung nicht berücksichtigt. Von der Art und Qualität der Strahlung hängt jedoch letzten Endes die biologische Schädigung entscheidend ab.

So sinnvoll die Dosiseinheit Rad vom Stande physikalischer Energetik her gesehen sein mag, ist sie doch für die Beurteilung biologischer Schäden ungeeignet. Dies führte zur Definition der neuen Dosiseinheit Rem.

8.1.3. *Dosiseinheit „Rem"*

Eine radioaktive Strahlung von α-, β-Teilchen oder Neutronen bzw. Röntgen- oder γ-Quanten hat verschiedene spezifisch biologische Wirkungen zur Folge, auch wenn die Dosis im Empfänger in Rad gemessen gleich ist. Zum Beispiel ionisieren α- und β-Strahlen spezifisch stärker als γ-Strahlen, und Neutronen ionisieren gar nicht wegen der mangelnden elektrischen Ladung. Dagegen wirken Neutronen sekundär über Kernreaktionen, von denen bevorzugt die sogenannten (n, γ)-Prozesse zu nennen wären, d. h. Kernreaktionen, bei denen ein Neutron in einem Kern eingefangen und dafür ein γ-Quant emittiert wird. Biologisch sind solche Prozesse sehr häufig, da sie an normalem, leichtem Wasserstoff stattfinden, aus dem irdische Lebewesen mit hohem Anteil bestehen (Wasser). Neutronen wirken ferner auf Materie im Sinne von elastischen Stößen mit Wasserstoffatomen, wobei die Masse eines Neutrons der eines Wasserstoffkerns, eines Protons, nahezu gleich ist. Die Folge eines solchen elastischen Stoßes ist ein rein mechanischer Ortswechsel des Wasserstoffatoms, durch den die physiologisch-chemischen Verhältnisse gestört werden.

Das Rem ist folgendermaßen definiert: Ein Rem (rem) *beliebiger* Strahlung ruft gleiche biologische Wirkung hervor wie ein Rad Röntgen- oder γ-Strahlen. Das Symbol „rem" ist eine Abkürzung für „roentgen equivalent man".

Die gleiche biologische Wirkung kann natürlich nur in systematischen Versuchen festgestellt werden. Dementsprechend hat man folgende Vergleichstabelle aufgestellt, aus der hervorgeht, mit wieviel Rad der angegebenen Korpuskular- oder γ-Strahlung 1 rem erzeugt wird. Das Verhältnis dieser beiden Dosiseinheiten bezeichnet man auch als relative biologische Wirksamkeit (RBW); dabei wird als Bezugsdosis eine Dosis (in rd) zugrunde gelegt, die durch eine 200-kV-Röntgenstrahlung hervorgerufen wird.

		RBW
Röntgen- oder γ-Strahlen	1 rem = 1 rad (Definition!)	1
β-Strahlen	1 rem = 1 rad	1
α-Strahlen	1 rem = 0,1 ... 0,05 rad	10...20
Neutronen (thermisch)	1 rem = 0,2 ... 0,3 rad	3...5
Neutronen (schnell unter 20 MeV)	1 rem = 0,1 rad	10
Neutronen (schnell über 20 MeV)	1 rem = 0,05 rad	20
Protonenstrahlung	1 rem = 0,1 rad	10

Wirken *verschiedene* Strahlungssorten auf biologisches Material ein, so ergibt sich die Gesamtdosis (in rem) additiv aus den jeweiligen Rem-Anteilen.

Die Dosis in Rem wire auch als Äquivalentdosis oder Dosisäquivalent bezeichnet.

8.2. *Toleranzdosis und Strahlenschäden*

Korpuskular- und γ- sowie Röntgenstrahlung beeinflussen biologische Vorgänge negativ, man spricht von Strahlenschäden. Um ihnen zu entgehen, bedarf es u. U. eines Strahlenschutzes, und zur Festlegung des erforderlichen Strahlenschutzes bedarf es der Kenntnis der offenbar er- oder verträglichen Maximaldosis, der sogenannten Toleranzdosis, nach deren Verabreichung noch keine erkennbaren Veränderungen im Ablauf der biologischen Vorgänge festzustellen sind.

Dieser Problemkreis ist außerordentlich komplex, da einerseits die Schädigungen erst eine längere Zeit nach der Strahlenbelastung auftreten können und dann von

„natürlichen“ Krankheitsbildern kaum zu unterscheiden sind, andererseits das Leben auf der Erde ständig einer Strahleneinwirkung unterliegt, die ihren Ursprung in der natürlichen Radioaktivität des Erdreichs (vornehmlich die Elemente Ra-226, Tn-220, C-14 und K-40) und der irdischen Atmosphäre (Rn-222) bzw. in der extraterrestrischen Strahlung, der sogenannten Höhenstrahlung, hat.

Die radioaktiven Nuklide K-40, Ra-226 und Rn-222 erreichen den menschlichen Körper auch im Innern (Atmung) und werden z. T. sogar permanent eingebaut (Ra-226 in Knochen).

Diese natürliche Strahlenbelastung beträgt in Meereshöhe über Land etwa 10 ... 20 μrem/h. Diese Strahlungsleistung akkumuliert sich in 60 Jahren für den Menschen also auf 5 ... 10 rem. Im Gebirge ist die Strahlenbelastung wegen des höheren Anteils der Höhenstrahlung bis zum Faktor 10 größer.

Bei der unausweichlichen Strahlenbelastung, der der Mensch ausgesetzt ist, sollte man nicht die „Zivilisationsbelastung“ vergessen, der sich ein neuzeitlicher Mensch in seinem Leben ebenfalls kaum entziehen kann. Gemeint sind die Dosiswerte, die man bei ärztlichen Röntgenaufnahmen oder sogar vom Fernsehgerät oder dem aktivierten Leuchtzifferblatt seiner Armbanduhr erhält.

Die folgende Tabelle 4 stellt einige typische Werte für häufig vorkommende Belastungsarten zusammen.

Die natürliche und auch die unvermeidbare zivilisatorische Bestrahlung des Menschen und der ganzen biologischen Welt sind sicher nicht ohne Auswirkungen. Gewisse Mutationsvorgänge der Erbanlagen werden z. B. auf diesen Einfluß zurückgeführt.

Die vorsichtigste Festlegung der Toleranzdosis geht von der durch die Natur gegebenen Dosis aus und glaubt, eine Verdopplung der Gesamtdosis im Leben des Menschen werde keine nachteiligen Folgen für das Individuum und auch nicht über die Nachkommenschaft für die ganze Menschheit haben.

Tabelle 4. Zusammenstellung verschiedener zivilisatorischer Strahlenbelastungswerte

Strahlungsquelle	Strahlenbelastung
Röntgenaufnahme der Lunge	0,02 ... 0,5 R/Aufnahme
Röntgenaufnahme des Magens	1,5 ... 3 R/Aufnahme
Röntgendurchleuchtung	3 ... 25 R/min
Örtliche Totaldosis bei Tumorbestrahlung	3000 ... 7000 R
Schuhdurchleuchtung (≈ 20 s)	≈ 1 R
Heimfernsehgerät (Oberfläche der Bildröhre)	≈ 2 mR/h
Leuchtziffer-Armbanduhr (Dosis für mittleren Körperteil)	≈ 40 mR/a

Die Toleranzdosis für zusätzliche Strahlenbelastung sollte demnach 5 ... 10 rem pro Leben sein, und beim Umgang mit jeder Art Strahlungsquellen der Korpuskular- oder γ- bzw. Röntgenstrahlen sollte die empfangene Dosis diesen Wert nicht überschreiten.

Diesen Gesichtspunkten der vorsichtigsten Festlegung der Toleranzdosis stehen häufig wirtschaftliche oder militärische Belange entgegen, sei es, daß die Abschirmung aus technischen oder praktischen Gründen nicht hinreichend wirksam gestaltet werden kann, sei es, daß bei gegebener Abschirmung der betreffende Mensch länger im Einsatz bleiben muß.

Die Abschirmung der „Nautilus", dem ersten durch Kernenergie angetriebenen Unterseeboot, war z. B. so ausgelegt, daß die Strahlungsleistung im Aufenthaltsbereich der Mannschaft 0,3 rem pro Woche betrug. Würde sich jemand 40 Jahre in einem solchen Strahlungsgebiet aufhalten, so würde seine Gesamtdosis 600 rem betragen. Die Dosis für den einzelnen muß in solchen Fällen durch Verkürzung der Aufenthaltsdauer reduziert werden.

Wenn man die Frage der Übertragung von Genmutationen auf die Nachkommen dadurch ausschaltet, daß man nur Menschen zur Arbeit in strahlungsgefährdeten Bereichen heranzieht, die sich nicht mehr fortpflanzen, so kann die Toleranzdosis wohl höher angesetzt werden, da die z. Z. erkennbare biologische Schädigung des *Individuums* nicht so schnell einsetzt.

Man geht auch differenzierter vor, indem man die Wahrscheinlichkeit der Fortpflanzung eines Menschen, die ja vom Lebensalter abhängt, und auch die Tatsache des „Ausheilens" von Strahlenschäden (vgl. weiter unten) berücksichtigt. So strebt man eine zulässige Dosisleistung von 0,1 rem pro Woche an mit der Maßgabe einer Höchstdosis von

50 rem bis zum Alter von 30 Jahren,
100 rem bis zum Alter von 40 Jahren,
200 rem bis zum Alter von 60 Jahren.

Man kann dies für die akkumulierte Dosis (in rem) auch näherungsweise in der Formel

$$D_{\max}\,(\text{in rem}) = 5\,(N - 18)$$

(N = Lebensjahre; $N > 18$) zum Ausdruck bringen.

Die Tatsache, daß ein biologischer Strahlungsschaden doch nicht nur von der empfangenen Strahlungsdosis, sondern auch vom Zeitraum abhängt, in dem die Dosis empfangen wurde, weist auf gewisse „Heilungsmöglichkeiten" durch den Körper hin. Diese Abwehrreaktionen des Körpers können auch medikamentös unterstützt werden. Die Heilungsprozesse sind jedoch im allgemeinen sehr langwierig. Wunden z. B. in der Form einer Gewebsnekrose (Gewebezerfall), hervorgerufen durch Röntgenstrahlen, heilen sehr schlecht. Immerhin wirken etwa 130 rem, zweimal verabreicht mit 24 Stunden Pause dazwischen, erst wie eine Dosis von 200 rem, die man in einer Stunde erhält.

Wenn man von den Folgen der Mutationsschäden absieht, die sich erst in kommenden Generationen bemerkbar machen, aber im Ausgangsindividuum bereits durch *ein* γ-Quant hervorgerufen werden können, so kann man über die Strahlenschäden des Individuums einige kennzeichnende Angaben machen.

Die biologische Schädigung beruht letzten Endes auf einer Störung der Stoffwechselvorgänge durch Veränderung der chemischen Prozesse. Meist entwickelt sich eine ganze biochemische Reaktionskette mit negativen Auswirkungen. Die Anregung und Ionisierung neutraler Atome wirkt in diesem Sinne auslösend und auch die Dissoziation von Molekeln. Die Dissoziation von Wasser führt zu den sehr stark oxydierenden Verbindungen wie H_2O_2, O_2, OH und HO_2. Dadurch entstehen z. B. toxische Stoffe, oder das Enzymgeschehen wird gestört.

Im Kapitel der Kernreaktionen wurde bereits ausgeführt, daß die Wechselwirkung mit der Materie entweder elektromagnetischer Natur ist (Photoeffekt, Compton-Effekt und Paarerzeugung) oder über Kernreaktionen abläuft, auch hier in Verbindung mit der begleitenden Ionisierungswirkung durch die Reaktionsprodukte. Langsame Neutronen rufen bevorzugt eine (n, γ)-Reaktion am Wasserstoff hervor, wobei das γ-Quant eine Energie von 2,2 MeV besitzt oder am Stickstoff eine (n, p)-Reaktion, bei der das Proton eine kinetische Energie von 0,57 MeV erhält. Schnelle Neutronen erteilen den Rückstoßkernen (vornehmlich H, O, C und N) bei elastischen Kollisionen erhebliche kinetische Energien, so daß von ihnen wieder Anregung, Ionisierung oder Dissoziation ausgelöst wird.

Bei den Strahlenschäden muß man die Ganzkörperbestrahlung und die Bestrahlung einzelner Teile (Gliedmaßen, Organe) unterscheiden. Im letzteren Fall ist die Schädigung sehr differenziert. Auch die Art der Strahlung ist zu berücksichtigen, da z. B. die stark ionisierende α-Strahlung (vgl. die relative biologische Wirksamkeit) zwar von großer Wirkung, jedoch von kleiner Durchdringungsfähigkeit ist. Es wird also im wesentlichen primär die Oberfläche (Haut) geschädigt, wenn auch die Abbauprodukte und Folgeerscheinungen das ganze Individuum in Mitleidenschaft ziehen können. Im allgemeinen ist es also so, daß die Dosis von 100 rad auf den ganzen Körper anders wirkt als 1000 rad auf 1/10 des Körpers.

Eine typisch lokale Strahlungsschädigung ist die Trübung der Augenlinse durch thermische Neutronen oder β-Strahlen. Die Bestrahlung der blutbildenden Organe (Milz, Knochen) ist besonders gefährlich wegen der dadurch verursachten Veränderungen im Blutbild.

Die folgende Übersicht der Strahlenschädigung bezieht sich nur auf eine akute, d. h. relativ kurzfristige Ganzkörperbestrahlung:

Empfangene Dosis	Erscheinungen
0 ··· 50 rem	keine auffälligen Erscheinungen
50 ··· 100 rem	Blutbildänderung, keine schweren Schäden, noch keine Strahlenkrankheit
100 ··· 200 rem	Unwohlsein, Erbrechen, ernste Strahlenkrankheiten
200 ··· 400 rem	Strahlenkrankheit, Blutschäden
400 rem	50% Sterblichkeit innerhalb von 30 Tagen
600 rem	100% Sterblichkeit (95% innerhalb von 14 Tagen)

Der zeitliche Verlauf der klinischen Erscheinungen der „Strahlenkrankheit" hängt von der Dosis insofern ab, als bei mittleren bis schwachen Belastungen (100 ... 400 rem) eine Latenzzeit von etwa 14 Tagen vorgeschaltet ist. Bei den hohen Dosen beginnt die Strahlenkrankheit bereits in den ersten 1 bis 2 Stunden mit Unwohlsein und Erbrechen. In der ersten Woche treten Durchfall und Entzündungen der Mundhöhle und des Halses hinzu. In der zweiten Woche tritt Fieber auf mit allgemeiner Erschöpfung und schließlich der Tod.

Bei den schwächeren Dosen und einem guten Allgemeinzustand ist nach ähnlichen Krankheitserscheinungen in der 4. Woche danach eine Gesundung möglich.

Um eine Vorstellung sehr hoher Dosisleistung zu erhalten, möge man sich vor Augen führen, daß im Röntgenstrahl einer Röntgenfeinstrukturapparatur (zur Analyse von Kristallstrukturen) eine Dosisleistung von 10^6 R/min besteht.

Und die Gesamtdosis der γ-Strahlung, die bei der Explosion einer „klassischen“ Atombombe (äquivalent einer Menge von 20000 t TNT = Trinitrotoluol) frei wird, beträgt in einer Entfernung von 1000 m vom Hypozentrum (= Punkt auf der Erde senkrecht unter dem Zündpunkt in der Luft) etwa 2000 R. Diese Dosis wird praktisch innerhalb der ersten Minute nach der Zündung frei. Danach wirkt die Atombombe bezüglich der Strahlenschäden nur noch über die Spaltprodukte und deren Radioaktivität.

Bei der Besprechung der Strahlenschäden ist die Frage der Inkorporation von radioaktiven Substanzen zu erwähnen. Nimmt der Körper radioaktives Material in sich auf (z. B. durch die Nahrung oder durch Einatmen), so sitzt die Strahlungsquelle dann in ihm, und es können keine Strahlenschutzmaßnahmen angewendet werden. Die Ausscheidung radioaktiven Materials erfolgt z. T. nur schwer, d. h. langsam, oder gar nicht, z. B. bei Schwermetallen, so daß sehr große Akkumulationszeiten für die Dosisbelastung in Rechnung zu stellen sind.

Dabei sind die α- oder β-Strahler besonders schädlich, da deren Strahlung im Innern des Körpers fast völlig absorbiert wird. γ-Strahlung dagegen verläßt wenigstens z. T. den Körper, wenn dabei auch eine Art Ganzkörperbestrahlung hervorgerufen wird.

Da sich gewisse Elemente in bestimmten Organen bevorzugt anreichern, tritt u. U. auch eine spezifische Organschädigung auf. Zum Beispiel wird Plutonium bevorzugt in der Lunge, Jod in der Schilddrüse und Strontium in den Knochen abgelagert.

Die Gefährlichkeit der Inkorporierung radioaktiven Materials liegt also auf der Hand.

Die Angabe der Toleranzmenge der schädlichen Substanzen bezüglich der Inkorporation erfolgt in der Einheit der Menge einer radioaktiven Substanz in „Curie“ oder in Gramm.

Ein Curie (Symbol „Ci“) ist die Menge einer radioaktiven Substanz, in der im Mittel pro Sekunde $3,7 \cdot 10^{10}$ (genau) Zerfallsprozesse stattfinden.

1 Ci entspricht der Menge von 1 g Radium.

Die Toleranzmengen für die Inkorporation sind außerordentlich klein (wegen der Länge der Zeit ihrer Wirksamkeit) und genau festgelegt. Im einzelnen muß hier diesbezüglich auf die jeweiligen gesetzlichen Strahlenschutzverordnungen verwiesen werden.

Um einen Anhalt zu geben, sei erwähnt, daß die Toleranzdosis für inkorporiertes Plutonium $0{,}5\ \mu g = 0{,}5 \cdot 10^{-6}$ g beträgt. 100 μg sind bereits tödlich.

Die Tabelle 5 stellt ausführliche Daten über die zulässige Inkorporation verschiedener Isotope und die maximal zulässige Konzentration dieser Substanzen in Wasser und in Luft zusammen.

Da die Fragen der Toleranzdosis und der Strahlenschäden nicht nur vom naturwissenschaftlichen und vom medizinischen Standpunkt aus gesehen ständig neue Aspekte erhalten, sondern auch in der Beurteilung durch den Gesetzgeber Veränderungen unterworfen sind, muß hier eindringlich darauf hingewiesen werden, im Falle einer Gefährdung die jeweils neuesten Strahlenschutzgesetze und -vorschriften zu beachten. Der Strahlenschutz und eine Personenüberwachung müssen dementsprechend durchgeführt werden.

8.3. *Meßmethoden zur Korpuskular- und γ- bzw. Röntgenstrahlung*

Die Strahlungsmessungen im Bereich der Kernenergiegewinnung beziehen sich weniger auf die Gewinnung neuer kernphysikalischer Erkenntnisse als vielmehr auf praktische Belange. Im Vordergrund des Interesses steht dabei die Strahlungsmessung zum Zwecke des Strahlenschutzes einerseits und zum Zwecke der Betriebsüberwachung und Regelung des Reaktors andererseits.

Tabelle 5. Maximal zulässiger Gesamtgehalt des Körpers an Radionukliden und maximal zulässige Konzentration in Wasser und Luft bei Dauerzufuhr

Ordnungszahl und Element	Nuklid	Strahlung			Kritisches Organ	Wirksame Energie (RBW) $\cdot \sum E_{eff}$ in (MeV)	Effektive Halbwertzeit T_{eff} (in d)	Maximal zulässige Menge im gesamten Körper (MZM) (in µCi)	Maximal zulässige Konzentration	
		α	β	γ					in Wasser (MZKw) (in µCi/cm³)	in Luft (MZKL) (inµCi/cm³)
11 Natrium	^{24}Na	—	β^-	γ	Gesamtkörper	2,7	0,60	15	$8 \cdot 10^{-3}$	$2 \cdot 10^{-6}$
15 Phosphor	^{32}P	—	β^-	—	Knochen	0,68	14	10	$2 \cdot 10^{-4}$	10^{-7}
16 Schwefel	^{35}S	—	β^-	—	Haut	0,055	18	300	$5 \cdot 10^{-3}$	10^{-6}
18 Argon	^{41}Ar	—	β^-	γ	Gesamtkörper	1,8		33	$5 \cdot 10^{-4}$	$5 \cdot 10^{-7}$
19 Kalium	^{42}K	—	β^-	γ	Muskulatur	1,6	0,51	21	10^{-2}	$2 \cdot 10^{-6}$
20 Kalzium	^{45}Ca	—	β^-	—	Knochen	0,43	151	14	10^{-4}	$8 \cdot 10^{-9}$
25 Mangan	^{56}Mn	—	β^-	γ	Nieren	1,1	0,10	25	0,15	$4 \cdot 10^{-6}$
26 Eisen {	^{55}Fe	—	—	—	Blut	$6 \cdot 10^{-3}$	61	1000	$5 \cdot 10^{-3}$	$7 \cdot 10^{-7}$
	^{59}Fe	—	β^-	γ	Blut	0,54	27	13	10^{-4}	$2 \cdot 10^{-8}$
27 Kobalt	^{60}Co	—	β^-	γ	Leber	0,72	8,4	3	$2 \cdot 10^{-2}$	10^{-6}
38 Strontium {	^{89}Sr	—	β^-	—	Knochen	2,8	52	2	$7 \cdot 10^{-5}$	$2 \cdot 10^{-8}$
	^{90}Sr + ^{90}Y	—	β^-	—	Knochen	5,1	2700	1	$8 \cdot 10^{-7}$	$2 \cdot 10^{-10}$
44 Ruthenium	^{106}Ru + ^{106}Rh	—	β^-	γ	Magen-Darm	1,4			10^{-4}	$2 \cdot 10^{-8}$
45 Rhodium	^{105}Rh	—	β^-	γ	Magen-Darm	0,30			10^{-3}	$2 \cdot 10^{-7}$
53 Jod	^{131}J	—	β^-	γ	Schilddrüse	0,22	7,5	0,6	$6 \cdot 10^{-5}$	$6 \cdot 10^{-9}$
55 Cäsium	^{137}Cs + ^{137}Ba	—	β^-	γ	Muskulatur	0,57	17	98	$2 \cdot 10^{-3}$	$2 \cdot 10^{-7}$
56 Barium	^{140}Ba + ^{140}La	—	β^-	γ	Knochen	4,1	12	1	$5 \cdot 10^{-4}$	$2 \cdot 10^{-8}$
86 Radon + Folgeprodukte }	^{220}Rn	α	—	—	Lungen	219				10^{-7}
	^{222}Rn	α	—	—	Lungen	200				10^{-7}
88 Radium + 55% Folgeprodukte }	^{226}Ra	α	—	γ	Knochen	162	$1{,}6 \cdot 10^{4}$	0,1	$4 \cdot 10^{-8}$	$8 \cdot 10^{-12}$
92 Uran {	nat. U (löslich)				Nieren	94	30	0,04	10^{-4}	$3 \cdot 10^{-11}$
	nat. U (unlöslich)	α	—	γ	Lungen	94	120	0,01		$3 \cdot 10^{-11}$
94 Plutonium {	^{239}Pu (löslich)				Knochen	267	$4{,}3 \cdot 10^{4}$	0,04	$6 \cdot 10^{-6}$	$2 \cdot 10^{-12}$
	^{239}Pu (unlöslich)	α	—	γ	Lungen	54	360	0,02		$2 \cdot 10^{-12}$

Die Meßmethoden beschränken sich dabei auf die Erkennung der Art der Strahlung, der energetischen Verteilung der aufgenommenen Partikeln und schließlich die Zahl der pro Sekunde an einer bestimmten Stelle in bestimmter Richtung auftretenden Teilchen bzw. Quanten. Dem Typus einer „Strahlung“ entsprechend beziehen sich die Messungen vornehmlich auf die Strahlungs*leistung* bzw. die Dosisleistung. Häufig einfacher, wenn auch weniger informativ ist es, innerhalb eines geeignet gewählten Zeitraumes die empfangene *Dosis* festzustellen. Je kürzer der Zeitraum, desto eher kann auf eine u. U. zeitlich variierende Strahlungsleistung der Strahlungsquelle geschlossen werden. In den Fällen der Dosisüberwachung von Personen scheint umgekehrt die Dosismessung statt der Leistungsmessung das adäquate Verfahren zu sein.

Auf die wichtige Frage des Öffnungswinkels des Strahlungsmeßgerätes muß besonders hingewiesen werden. Durch Blenden aus die Strahlung absorbierendem Material kann der erfaßte Winkelbereich relativ klein sein. In einem großflächigen inhomogenen Strahlungsfeld, das z. B. durch Streuung entsteht, mißt ein derartiger Empfänger eine Dosisleistung, die — verglichen mit der Belastung eines unabgeschirmten Menschen — viel zu klein ist (Abb. 26*a*)! Ein unabgeschirmter Dosismeßfilm (vgl. weiter unten) würde hier das richtige Resultat liefern. Meßgeräte mit kleiner Öffnung liefern nur in Strahlungsfeldern einheitlicher (d. h. homogener) Richtung richtige Resultate (Abb. 26*b*)!

Den gängigsten Meßverfahren liegt die Auswertung der durch die Korpuskular- bzw. γ-Strahlung hervorgerufenen Ionisierung in einem bestimmten Empfänger zugrunde, wobei die Neutronen über eine entsprechende Kernreaktion mit Hilfe der dabei entstehenden ionisierenden Reaktionsprodukte nachgewiesen werden.

Im folgenden sind die wichtigsten Meßverfahren skizziert.

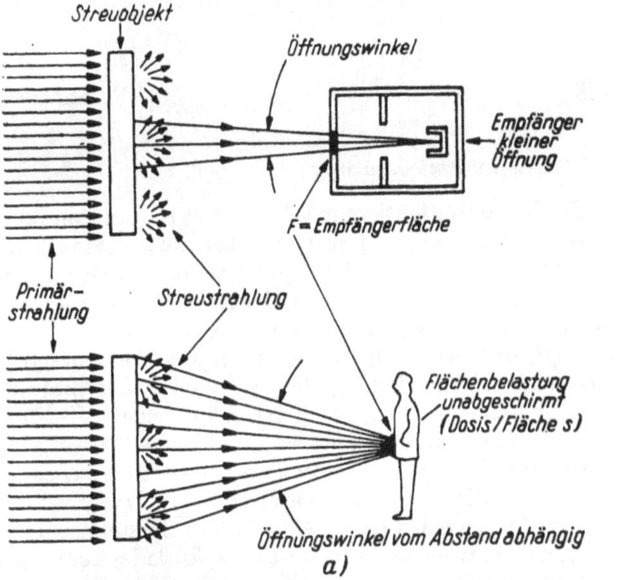

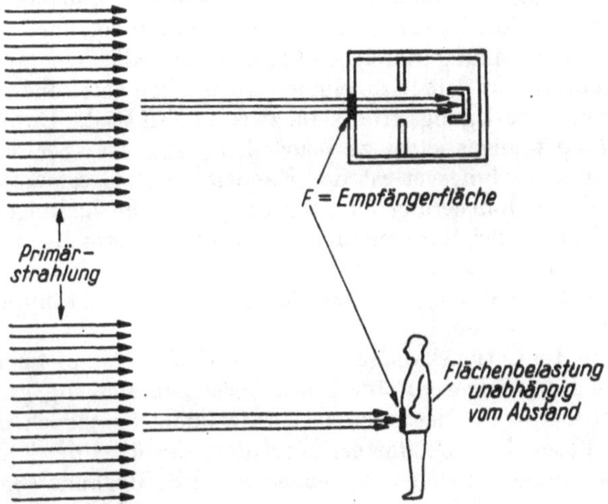

Abb. 26. Zur Strahlungsmessung in homogenen und inhomogenen Strahlungsfeldern

a) Dosisleistung auf *F* sehr ungleich; *b*) Dosisleistung auf *F* gleich

8.3.1. *Die Ionisationskammer*

Bei der Ionisationskammer handelt es sich um ein Luft- bzw. Gasvolumen, das sich zwischen zwei metallischen Elektroden befindet, die ihrerseits elektrisch isoliert sind und zwischen denen ein elektrisches Feld herrscht. Werden in dem Gasvolumen durch Ionisierung Ladungen erzeugt, so bewegen diese sich, da im Gas frei beweglich, entsprechend der Polung der Elektroden auf diese zu (positive Ladungen zur negativen Seite, negative Ladungen zur positiven Seite).

Im Prinzip wird nur dieser Strom gemessen, sei es als stationärer Strom bei konstanter Spannung zwischen den Elektroden, erzeugt durch eine äußere Spannungsquelle (Batterie oder Netzgerät), sei es als Entladestrom einer vorher einmalig elektrisch aufgeladenen Kapazität.[1]) Im erstgenannten Fall ist der stationäre Strom dann der Ionisierungsrate (für Röntgen und γ-Strahlung also damit auch der Dosisleistung) proportional. Voraussetzung ist, daß die Spannung hinreichend groß ist, um alle erzeugten Ladungen aus dem Gasvolumen abzuziehen (stationärer Strom = Sättigungsstrom). Im zweiten Fall ist die Dosis*leistung* weniger leicht zu beurteilen, dafür ist aber der gesamte Ladungsverlust der Kapazität der Gesamtzahl der durch Ionisierung im Gasraum gebildeten Ladungen (und damit bei Röntgenstrahlen direkt der empfangenen Dosis) proportional, auch hier, solange gewisse Mindestwerte der Spannung zwischen den Elektroden nicht unterschritten werden.

Die Ionisationskammer ist ein einfaches, wenn auch zunächst weniger empfindliches Gerät zur Messung von Dosis*leistungen*. Besonderen Einsatz findet sie jedoch in der Form des „Dosimeters", bei dem die über die Zeit aufsummierte Ionisierung gemessen wird. Bekannt sind

---

[1]) Man kann über die Ionisationskammer auch eine Kapazität *aufladen*, wobei die Nachweisempfindlichkeit aus apparativen Gründen etwas größer ist.

die „Taschendosimeter“ zur Personenüberwachung. Darin wird der jeweilig noch vorhandene Ladungszustand nach der Art eines Goldblatt- oder Fadenelektrometers subjektiv sichtbar angezeigt. Die Differenz zur anfänglichen, genormten Aufladung, die sich ohne Strahlungseinwirkung dank einer vorzüglichen Isolation sehr lange hält, zeigt die von dem Gerät empfangene Dosis in „Röntgen“, meist auf einer unmittelbar geeichten Skala, an.

Aus der Funktionsweise wird ersichtlich, daß die Ionisationskammer einen ursprünglichen Bezug zur Definition der Röntgeneinheit hat, der auch historisch begründet ist.

Die Messung von α-Teilchen mit Hilfe der Ionisationskammer erfordert gewisse Vorsichtsmaßnahmen, da α-Teilchen eine sehr hohe Ionisierungsdichte pro zurückgelegtem Weg haben. Dies begründet einerseits eine kurze Reichweite, andererseits eine hohe Ionendichte, die schwieriger quantitativ zu erfassen ist, da sich positive und negative Ladungen u. U. wieder vereinigen, ehe sie getrennt zu den Elektroden gelangen können und damit gemessen wurden.

Bei α-Strahlern bekannter Energie, die unmittelbar in die Ionisationskammer eingebracht werden können, ist wegen der konstanten Energie aller α-Teilchen (vgl. Radioaktivität) und der kurzen Reichweite eine leichte Bestimmung der Aktivität (in Curie) möglich. Denn unter der Bedingung, daß kein α-Teilchen den Zählraum der Ionisationskammer verläßt, ist der stationäre Strom ein unmittelbares Maß für die Zahl der Zerfallsakte pro Sekunde, denn jedes α-Teilchen erzeugt eine konstante Zahl von Ionenpaaren in der Ionisationskammer. Eine Aktivität von 10^{-6} mCi (= Millicurie) = 10^{-9} Ci ist erfaßbar.

Ist der α-Strahler außerhalb der Ionisationskammer befindlich, so muß die kurze Reichweite als mögliche Fehlerquelle berücksichtigt werden. Auch die Absorption in einem eventuell vorhandenen Fenster der Ionisationskammer muß bei der Auswertung der Messung in Rechnung gestellt werden (vgl. die Reichweite der α-Teilchen unter: Radioaktivität und Strahlenschutz).

Was für die α-Teilchen gesagt wurde, gilt mutatis mutandis auch für β-Teilchen. Ihre Reichweite ist jedoch größer und die Energieverteilung eine sehr breite Funktion.

In allen Fällen spielt die spezielle Ausbildung der Ionisationskammer für den quantitativen Meßvorgang eine entscheidende Rolle. Die Gasart und der Gasdruck sowie die Stoffqualität und Dicke der Wandungen sind von Bedeutung. Die Wände beeinflussen durch Elektronenemission unter der Wirkung der Strahlung das Ionisationsgeschehen im Gasvolumen.

Bei der Messung von Neutronenstrahlen mit der Ionisationskammer *müssen* solche Primärprozesse sogar stattfinden. Man nutzt die Protonenemission in wasserstoffhaltigem Material aus (Stoßprozeß zwischen Neutron und dem Wasserstoffkern), indem man die Ionisationskammer z. B. mit Paraffin auskleidet, oder nutzt Kernreaktionen aus, z. B. mit Bor in der Form ^{11}B (n, α) ^{8}Li, wobei das Bor entweder massiv in der Wandung oder als Bortrifluorid im Gas untergebracht ist.

Die Ionisationskammer läßt Strahlungsgemische kaum unterscheiden, wenn man nicht andere äußere Filtertechniken anwendet (eventuell Wahl geeigneter Fenster zusammen mit sonstiger Abschirmung).

8.3.2. *Das Zählrohr*

Das Zählrohr stellt gewissermaßen eine Fortentwicklung der Ionisationskammer dar. Es ist jetzt eines der gebräuchlichsten Meß- und Nachweisgeräte für die Korpuskular- und γ-Strahlung. Es ist sehr empfindlich, so daß bereits einzelne Teilchen nachgewiesen, d. h. also gezählt werden können. Das Zählrohr wird sowohl zur Messung von Dosis*leistungen* als auch zur Erfassung der Dosis eingesetzt. In letzterem Fall werden jedoch die einzelnen Zählimpulse in elektrischen Schaltungen lediglich nachträglich integriert oder in mechanischen Zählwerken addiert.

Bei prinzipiell ähnlichem Aufbau wie die Ionisationskammer wird dafür Sorge getragen, daß innerhalb des Zählrohrs vor einer Elektrode (der positiven) eine so hohe elektrische Feldstärke herrscht, daß die in ihr beschleunigten primären, durch die Ionisierungswirkung der Strahlung freigesetzten Ladungsträger (es sind davon praktisch nur die Elektronen) ihrerseits durch Stöße mit dem Neutralgas dieses weiter ionisieren. Der Prozeß läuft dann multiplikativ, d. h. lawinenartig ab. Für ein primäres Elektron treten damit eine Vielzahl sekundärer Ladungen auf. Der „Multiplikationsfaktor", der Werte bis zu 10^9 erreichen kann, führt also für ein primäres Elektron bereits zu einem so großen äußeren Entladungsstrom, daß dieser ohne großen Aufwand elektrisch gemessen werden kann. Diese bereits in der Betriebsweise liegende Verstärkung, die in der Größe des Multiplikationsfaktors begründet ist, ist der Hauptvorteil des Zählrohrs.

Bei der speziellen Betriebsweise des Zählrohres muß man zwei Fälle unterscheiden. Im ersten Fall, der Betriebsweise als „Proportionalzählrohr", ist der Multiplikationsfaktor für jedes primäre Elektron eine Konstante, d. h., die Zahl der Ladungen, die über alle sekundären Lawinenprozesse bei der Passage eines Strahlungsteilchens oder Strahlungsquants produziert werden und als Strom im äußeren Schließungskreis der Schaltung in der Form eines Stromstoßes (Impuls) in Erscheinung treten, ist der Zahl der bei dieser Passage erzeugten primären Ladungen proportional. Dies ist eine wichtige Betriebsweise, da trotz der Verstärkung über die Lawinenprozesse die Signalverhältnisse denen der primären Ionisierung entsprechen. In diesem Fall sind Rückschlüsse auf die Energien der gemessenen Teilchen und die Art der Teilchen möglich. Zum Beispiel können α-Teilchen verschiedener Energien, die aber alle in dem Zählrohrvolumen absorbiert werden, an den verschieden hohen Ausgangsstromstößen am Zählrohr erkannt werden, da energiereichere α-Teilchen im

Zählrohrvolumen eine der Energie proportionale totale primäre Ladungsmenge freisetzen. Aus der Impulshöhe am Ausgang des Zählrohres kann also auf die Energie des Teilchens geschlossen werden. Nach einer Eichung ist es so möglich, mit Hilfe der Impulshöhenvermessung eine Energiespektroskopie zu betreiben, die wiederum Auskunft über die Art der Strahlungsquelle oder die Überlagerung mehrerer Strahlungssorten geben kann.

In der zweiten Art der Betriebsweise bezeichnet man das Zählrohr als „Auslösezählrohr“ oder nach den Pionieren seiner Verwendung als „Geiger-Müller-Zählrohr“ (1928). In diesem Fall ist die Betriebsspannung höher als im Proportionalitätsbereich, und eine primäre Ionisierung gleich welcher Stärke führt über die sekundäre Lawinenionisierung zu einem Stromstoß, dessen Höhe nur noch von den Konstruktionsmerkmalen des Zählrohres und der Dimensionierung der Schaltung abhängt. Das Zählrohr wird von einem Strahlungsteilchen oder Quant nur „ausgelöst“, der Ausgangsimpuls erscheint stets in gleicher Höhe.

Die Aussagemöglichkeit über die Qualität der Strahlung ist also gegenüber dem Proportionalzählrohr verlorengegangen, dafür ist aber die Ansprechempfindlichkeit bzw. die Höhe des Ausgangsimpulses nochmals um ein mehrfaches gesteigert. Da es häufig doch nur auf das *Zählen* der „Teilchen“ ankommt, ist die durch die höhere Empfindlichkeit gegebene apparative Vereinfachung willkommen.

Beim Zählen von „Teilchen“ will man sichergehen, daß auch alle Teilchen, die das Zählrohr passieren, 100%ig erfaßt werden, d. h., die Impulsrate soll der Teilchenrate entsprechen. In diesem Zusammenhang treten zwei Probleme auf.

Erstens muß die Versorgungsspannung am Auslösezählrohr einen bestimmten Mindestwert überschreiten, damit die „Auslösefunktion“ gewährleistet ist. Die Spannung darf aber andererseits nicht so hoch sein, daß unkontrollierte spontane Gasentladungen „Teilchen“ vortäuschen. Trägt man die Zahl der abgehenden Impulse bei einer konstanten und nicht zu großen Einfallsrate vom Teilchen gegen die Betriebsspannung auf, so erhält man eine in Abb. 27 schematisch dargestellte Abhängigkeit der Zählgenauigkeit, die demnach nur innerhalb eines be-

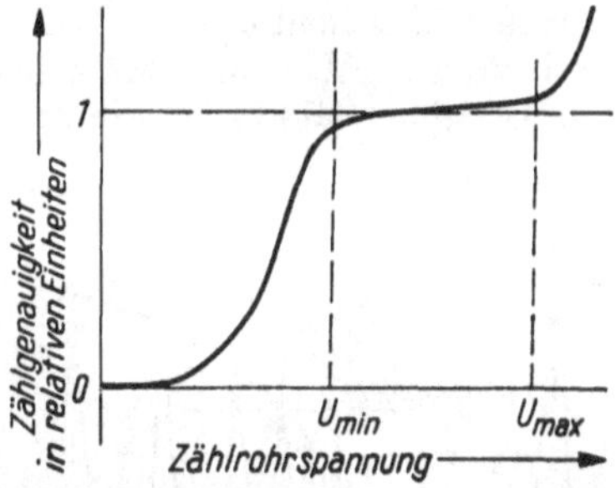

Abb. 27. Zählgenauigkeit (= Impulsrate/Teilchenrate) für ein Auslöse- (GEIGER-MÜLLER-) Zählrohr als Funktion der Betriebsspannung (schematisch)

stimmten, für jedes Zählrohr individuellen Spannungsbereiches in der Form des sogenannten „Plateaus" nahezu konstant und damit optimal gleich Eins ist.

Das zweite Problem der Zählrohre ist ihre sogenannte Auflösungszeit. Hat ein Teilchen zu einer Ionisierung bzw. zum Auslösen des Zählrohres geführt, so wird das nächste Teilchen erst dann wieder als getrenntes Teilchen registriert, wenn dazwischen diese Auflösungszeit verstrichen ist. Die Auflösungszeit setzt sich aus der sogenannten Totzeit des Zählrohres und der Zeit der hinreichenden „Erholung" zusammen. Während der Totzeit sind im Zählrohr so viele Ladungen vorhanden, daß zusätzliche Ladungen durch ein weiteres Teilchen nicht von Bedeutung sind. Und während der hinreichenden Erholungszeit muß sich die elektrische Schaltung wieder auf solche Betriebswerte einstellen (Aufladung der Zählrohrkapazität usw.), daß der dann abgegebene Stromimpuls wieder die erforderliche Höhe zur Weiterverarbeitung in der Elektronik hat. Abb. 28 veranschaulicht schematisch die Impulsfolge bei hinreichend rascher Teilchenfolge.

Die Größe der Auflösungszeit ist für die maximal mögliche Zählrate der entscheidende Parameter. Bei einer größeren zeitlichen Teilchenfolge als (1/Auflösungszeit) treten Zählverluste auf. Aber auch bei kleinen Teilchenraten muß u. U. eine Zählratenkorrektur angebracht

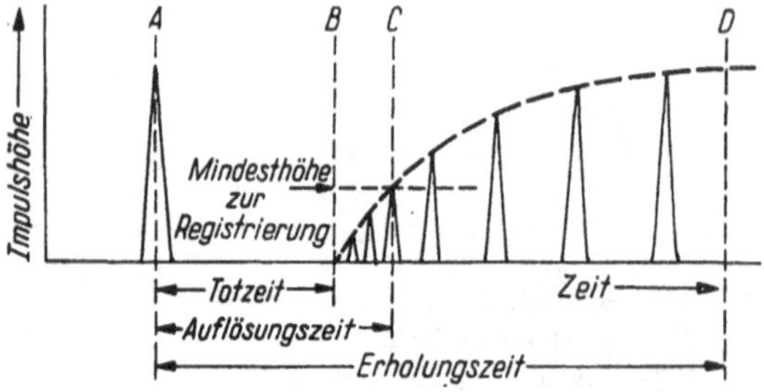

Abb. 28. Schematische Darstellung der Zeitabhängigkeit der Impulshöhe nach einem vorausgegangenen Impuls (A) zur Erläuterung der Begriffe Totzeit und Erholungszeit eines Zählrohres

werden, da bei der statistischen Folge der Teilchen stets mit gewisser Wahrscheinlichkeit zeitliche Abstände auftreten, die kleiner als die Auflösungszeit sind.

Über die Konstruktion der Zählrohre für die verschiedenen Strahlungsarten gilt Ähnliches wie für die Ionisationskammer selbst. Da Zählrohre einen Gasdruck in der Größenordnung von 10 ... 100 Torr besitzen, müssen die notwendigen Fenster u. U. entsprechend dünnwandig ausgebildet werden. Und die aus den Zählrohrwänden ausgelösten Elektronen spielen für γ- und Röntgenstrahlung wie bei der Ionisationskammer eine entscheidende Rolle. Bei durchdringender Strahlung ist die Zählrate niemals 100%, und sie hängt von der Energie der Strahlung ab. Eine Eichung muß also individuell erfolgen. Andererseits muß bei der geeichten Skala eines Zählrohr-Dosisleistungsmessers bekannt sein, auf welche Qualität, d. h. Energie der Strahlung sich die Eichung bezieht, anderenfalls können keine Rückschlüsse auf die Dichte der Teilchenstrahlung in beliebiger Situation gezogen werden.

Langsame, d. h. thermische Neutronen werden beim Zählrohr über (n, γ)-Reaktionen am B-10, Li-6 oder Li-7 erfaßt. Dazu erfährt das Zählrohr eine Innenauskleidung mit bor- oder lithiumhaltigem Material oder z. B. eine Beimischung von BF_3 (Bortrifluorid) im Füllgas.

Schnelle Neutronen werden anhand der Ionisierungswirkung der Rückstoßprotonen gemessen, die bei der elastischen Streuung an Wasserstoffatomen auftreten. Hierzu wird das Zählrohr innen z. B. mit Polyäthylen oder Paraffin ausgekleidet oder direkt mit Wasserstoffgas unter hohem Druck (bis zu 100 atm) gefüllt.

Zur technischen Seite der Zählrohre wäre zu erwähnen, daß man beim Auslösezählrohr praktisch die Auflösungszeit durch spezielle Gasfüllungen auf etwa 10^{-4} s hinabdrücken kann. Derartige „selbstlöschende Zählrohre" sind einem gewissen Verschleiß unterworfen, da sich die Füllgaszusätze zersetzen. Die Lebensdauer ist mit einer endlichen Zahl (Größenordnung 10^{10}) von ausgelösten Impulsen erschöpft. In starken Strahlungsfeldern können solche totalen Impulszahlen u. U. sehr schnell erreicht werden.

8.3.3. *Photographie*

Die lichtempfindliche Schicht eines photographischen Films (oder einer Platte) wird auch durch die kurzwelligere Röntgen- bzw. γ-Strahlung und durch ionisierende Korpuskularstrahlung geschwärzt, wenn nachfolgend „entwickelt" wird. Unter Schwärzung versteht man dabei exakt den Logarithmus zur Basis 10 des Faktors, um den sich die Intensität *sichtbaren* Lichtes reduziert, wenn man den exponierten, entwickelten (!) und fixierten Film (oder die Platte) dazwischenhält:

$$S = \text{Schwärzung} = \lg \frac{I_0}{I};$$

I_0 = Lichtintensität zur „Betrachtung“ (sichtbarer Spektralbereich), I = Lichtintensität nach Zwischenhalten des Films.

Die Schwärzung wiederum ist ein Maß für das Produkt aus Zeit und Bestrahlungsstärke derjenigen Strahlung, der die photographische Emulsion auf dem Träger (Film oder Platte) *vor* der Entwicklung ausgesetzt war. Die Schwärzung ist damit ein Maß für die integral aufgetretene Flächendichte der absorbierten Energie (oder der Teilchenzahl) und hat auf diese Weise einen unmittelbaren Bezug zur Strahlungs*dosis*. Zur Messung von rasch veränderlichen Dosis*leistungen* ist der photographische Prozeß daher weniger geeignet.

Spezielle Filmplaketten dienen bekanntlich zur langzeitigen Personenüberwachung bezüglich der Strahlungsbelastung, der die Person in dem Zeitraum (z. B. einem Monat) ausgesetzt war.

Wegen der Lichtempfindlichkeit sind die Filme dabei natürlich lichtundurchlässig verpackt. Dies schließt jedoch in der Praxis den Nachweis von α- und β-Strahlung wegen der hohen Absorption in der „Verpackung“ aus.

Bezüglich des Nachweises von Röntgen- bzw. γ-Strahlung verhält sich der photographische Prozeß grundlegend anders, als aus dem normalen, aus der Amateurphotographie bekannten Lichtempfindlichkeitsverhalten zu schließen wäre.

Während die Schwärzung des entwickelten Films durch sichtbares Licht eine relativ komplizierte Funktion des Produktes von Beleuchtungsstärke und Zeit ist (vgl. Abb. 29), bei der für kleine Werte praktisch völlige Unempfindlichkeit herrscht und die Schwärzung erst nach Überschreiten eines „Schwellwertes“ auftritt, ist das

Schwärzungsverhalten bei der Bestrahlung mit Röntgen- bzw. γ-Strahlung für meßtechnische Zwecke wesentlich günstiger. Die Schwärzung ist bis zu einem Wert von etwa $S = 1$ *proportional* zur Flächendichte des Produktes aus der Zeit und der absorbierten Strahlungsleistung und damit proportional zur absorbierten Energie. Man drückt letzteres auch so aus, daß man von der

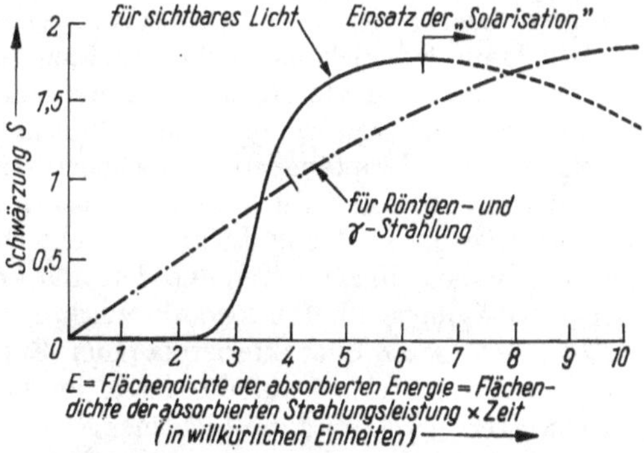

Abb. 29. Schematische Darstellung zur Abhängigkeit der Schwärzung einer photographischen Schicht durch Licht bzw. Röntgen- und γ-Strahlung

Gültigkeit des Bunsen-Roscoeschen Gesetzes[1]) spricht.

Die Schwärzung ist bis zur angegebenen oberen Grenze ein unmittelbares Maß für die empfangene Strahlungsdosis in „Rad", wenn – das ist allerdings Voraussetzung – das Entwicklungsverfahren, ausgehend von einer Eichung, konstant beibehalten wird.

Filmplaketten zur Dosisüberwachung kann man also im allgemeinen nicht selbst entwickeln und auswerten. Dazu sind amtlich benannte Zentralstellen vorhanden.

---

[1]) Gleiche Schwärzung (als Folge eines photochemischen Prozesses) für gleiches *Produkt* ($I\,t$), wobei die Intensität I und die Belichtungszeit t komplementär in weiten Grenzen variieren können.

In den Filmplaketten sind spezielle Materialien als Filterplättchen angeordnet, mit Hilfe derer man im Zusammenhang mit der spektralen Abhängigkeit der Filmempfindlichkeit auch Aussagen über die Qualität (d. h. Quantenenergie oder Wellenlänge) der Röntgen- bzw. γ-Strahlung machen kann (vgl. Abschnitt 10.3., „Röntgenstrahlen").

Sollte ein photographisches Verfahren zum Nachweis von Röntgen- oder γ-Strahlung jedoch so verwendet werden, daß damit lediglich das sichtbare Licht erfaßt wird, das von einem Leuchtstoff oder einem Lichtblitze aussendenden Material (vgl. weiter unten „Szintillation") als dem eigentlichen Empfänger der hochenergetischen Strahlung ausgeht, so gilt in diesem Fall natürlich die Schwärzungskurve für *sichtbares* Licht mit Schwellwert, einem steilsten, nahezu linearen Teil und dem aus Abb. 29 ersichtlichen Sättigungsverhalten, womit, zusammen mit der Abhängigkeit dieser Charakteristika vom Entwicklungsprozeß, ein Rückschluß auf die Dosis im Leuchtstoff sehr erschwert wird. Wird die Lichtmenge sehr groß, so kann sogar der Effekt der sogenannten Solarisation auftreten, bei dem die Schwärzung trotz Steigerung der in der photographischen Emulsion absorbierten Lichtmenge wieder kleiner wird (vgl. Abb. 29).

8.3.4. *Leuchterscheinungen*

Werden Atome im festen, flüssigen oder gasförmigen Zustand ein- oder mehrfach ionisiert oder angeregt, so tritt bei der Rekombination des Ions mit einem (oder mehreren) Elektronen und bei der Rückkehr des Elektrons bzw. der Elektronen aus dem angeregten Zustand in den Grundzustand stets Lichtemission auf, wobei die Frequenz eines emittierten Lichtquants der jeweiligen Energiedifferenz entspricht, die ein Elektron in einem „Sprung" überbrückt hat.

Auf diese Weise sind also immer auch mit den die Korpuskular- und γ- bzw. Röntgenstrahlen begleitenden

Ionisierungs- und Anregungsprozessen Leuchterscheinungen verbunden.

Diese Leuchterscheinungen gehören, da sie nicht ausschließlich durch die Temperatur bedingt sind, in die Gruppe der Lumineszenzerscheinungen, die generell von der der reinen Temperaturstrahlung unterschieden werden muß.

Mit Hilfe solcher Leuchterscheinungen läßt sich die Existenz der Korpuskular- und γ- bzw. Röntgenstrahlung nachweisen. Jedes Teilchen oder Quant kann u. U. mit Hilfe des von ihm ausgelösten Lichtblitzes (Szintillation) einzeln erfaßt und damit gezählt werden, soweit die Nachweisempfindlichkeit für die Leuchterscheinung selbst ausreicht.

In den Anfängen der Untersuchungen über die Physik der radioaktiven Strahlung war die visuelle Beobachtung der Szintillationserscheinungen eines Leuchtschirms ein wichtiges, wenn auch mühsames Verfahren. So wurden z. B. die klassischen Versuche von RUTHERFORD über die Streuung von α-Teilchen in dieser Art durchgeführt. Die Intensitätsmessung bezüglich der eintreffenden Teilchenzahl pro Sekunde wurde durch Auszählen der Lichtblitze unter dem Mikroskop durchgeführt. Die Lichtblitze sind jedoch im einzelnen so schwach, daß nur ein oft über Stunden völlig dunkeladaptiertes Auge sie wahrnimmt. Außerdem können auf diese Weise keine hohen Teilchenraten erfaßt werden, da die Schnelligkeit des subjektiven Zählens gering ist.

Pauschal kann eine radioaktive Strahlung jedoch unter Verzicht auf die zeitliche Auflösung in einzelne Lichtblitze an dem einfachen Leuchten eines Leuchtstoffs erkannt werden.

Bekannt sind radioaktiv dotierte Leuchtziffern auf Uhren, die auf diese Weise auch ohne Vorbelichtung nachts erkannt werden können. Betrachtet man derartige Leuchtziffern unter der Lupe bei guter Dunkeladaption des Auges, so erkennt man auch als Laie an diesen technischen Produkten die einzelnen Lichtblitze, d. h. die Szintillationen, gut.

Die visuelle und subjektive Beobachtung der Lumineszenzerscheinungen wird meßtechnisch (und auch aus Gründen des Schutzes vor Strahlenschäden) ersetzt durch den Einsatz lichtempfindlicher Bauteile, die den inneren oder den äußeren lichtelektrischen Effekt ausnutzen. Bauelemente dieser Art sind Photowiderstände und Photoelemente (innerer lichtelektrischer Effekt) und Photozelle bzw. Photomultiplier (äußerer lichtelektrischer Effekt). Beim Photomultiplier handelt es sich um eine Photozelle mit nachgeschalteter Sekundärelektronenvervielfachung der aus der Photokatode ausgelösten primären Elektronen.

Mit Hilfe dieser lichtempfindlichen Elektronik ist einerseits die Empfindlichkeit und andererseits auch das zeitliche Auflösungsvermögen zur Erfassung höherer Teilchenraten gesteigert. Häufig verbindet sich, von spezifischen Materialeigenschaften abhängig, damit noch der Vorteil, eine Energieanalyse der Teilchen durchführen zu können analog zu der im Proportionalzählrohr; denn arbeiten die einzelnen „Übertragungsglieder" (vom Leuchtstoff über den äußeren lichtelektrischen Effekt bis zum Sekundärelektronenvervielfacher und die nachgeschaltete Elektronik) linear, so ist die Höhe eines Ausgangsimpulses für ein passierendes Teilchen der absorbierten, d. h. von ihm abgegebenen Energie proportional.

Je nach der Teilchenart und auch der Quantenenergie der γ- bzw. Röntgenstrahlung werden die verschiedensten Leuchtstoffe benutzt. Die Auswahl richtet sich sowohl nach der Größe der in ihr stattfindenden Absorption der Teilchen und der Schnelligkeit des Abklingens eines ausgelösten Lichtblitzes (da durch letztere die maximale Zählrate bestimmt wird) wie auch nach der Wellenlänge des emittierten Lumineszenzlichtes in Hinblick auf die spektrale Empfindlichkeit des Lichtempfängers. Es finden anorganische und organische Stoffe in amorpher oder kristalliner Form Verwendung. Die Technik dieser „Szintillationszähler" ist im einzelnen sehr differenziert.

Die Tabelle 6 gibt eine kurze Übersicht über oft gebrauchte Leuchtstoffe und ihre charakteristischen Daten.

Tabelle 6. Übersicht über typische Vertreter von Szintillatoren zur Strahlungsmessung (im Falle von UV-Lichtemission kann durch sekundäre Komponenten eine Fluoreszenztransformation in den langwelligeren Spektralbereich erfolgen)

Material	Abklingzeit (in s)	Relative Impulshöhe bei β-Anregung	Emissionsmaximum der Leuchterscheinung (in μm)
1. Alkalijodide			
NaJ (rein; −195°C)	$60 \cdot 10^{-9}$	200	0,3
NaJ (Tl)	$250 \cdot 10^{-9}$	100	0,41
2. sonstige anorganische Kristalle			
ZnS(Ag)	$(50 \cdots 5000) \cdot 10^{-9}$	100 (β) 180 (α)	0,45
$CaWO_4$	$5000 \cdot 10^{-9}$	?	0,43
CaJ_2	$550 \cdot 10^{-9}$	200	0,41
3. Gläser			
Borglas (Cer)	$42 \cdot 10^{-9}$	5,3	UV bis sichtbar je nach Zusammensetzung
4. Edelgase			
Xe, Kr, Ar, Ne, He	einige 10^{-9}	32:16:5:1:10 (α-Anregung; bezogen auf NaJ(Tl))	UV
5. Organische Kristalle			
Anthrazen	$30 \cdot 10^{-9}$	50	0,44

Tabelle 6 (Fortsetzung)

Material	Abklingzeit (in s)	Relative Impulshöhe bei β-Anregung	Emissionsmaximum der Leuchterscheinung (in μm)
6. Organische Flüssigkeiten p-Terphenyl	einige 10^{-9}	1 (für 3 g/l in Toluol)	UV
7. Plastikszintillatoren Styrol	einige 10^{-9}	39	UV

Der Nachweis von Neutronen in Szintillationszählern geschieht wieder über die ionisierenden Folgeprodukte entsprechender Kernreaktionen (bevorzugt am Bor) oder über die bereits besprochene Stoßwechselwirkung mit Wasserstoffkernen, die dabei ebenfalls als Ionen in Erscheinung treten.

Bei der Gruppe der Leuchterscheinungen muß die Čerenkov-Strahlung gesondert Erwähnung finden, da sie nicht durch Ionisierungs- oder Anregungsvorgänge ausgelöst ist. Es handelt sich dabei um eine Strahlung, die von Elektronen ausgeht, die Energien etwa über 100 MeV besitzen und sich in Materialien mit hinreichend hohem Brechungsindex bewegen. So hochenergetische Elektronen besitzen nämlich dann eine Teilchengeschwindigkeit, die größer ist als die Lichtgeschwindigkeit in dem Medium, die ihrerseits durch den Brechungsindex n auf den n-ten Teil der Vakuumlichtgeschwindigkeit reduziert ist.

Das Elektron als geladenes Geschoß strahlt dann eine „Kopfknallwelle" in der Form einer elektromagnetischen Welle ab analog zu der akustischen Schallwelle, die von der Spitze eines Flugkörpers ausgeht, der sich mit Überschallgeschwindigkeit in einem Medium bewegt. Das akustische Phänomen der Schallabstrahlung tritt z. B. beim Flug von Überschallflugzeugen in Luft auf.

Am Auftreten dieser ČERENKOV-Strahlung in geeigneten Materialien können hochenergetische Elektronen erkannt und auf diese Weise gezählt und auch energetisch vermessen werden.

8.3.5. *Kristallzähler*

Beim Kristallzähler handelt es sich um ein modernes Bauelement der Festkörperelektronik. Die radioaktive Strahlung setzt in geeigneten Ionen- bzw. Halbleiterkristallen über einen dem inneren lichtelektrischen Effekt verwandten Absorptionsprozeß Ladungen frei, die die Leitfähigkeit des Materials erhöhen. Diese Leitfähigkeitserhöhung klingt nach dem Durchgang des Teilchens wieder mehr oder weniger schnell ab. Über geeignete Schaltungsmaßnahmen wird die Leitfähigkeits- bzw. Widerstandsänderung in einen Spannungsimpuls umgewandelt, der es gestattet, das Teilchen wie beim Zählrohr einzeln zu registrieren, d. h. zu zählen. Auch hier ist eine Energieanalyse möglich. Durch die unmittelbare Kombination der Leitfähigkeitsänderung mit Transistoreffekten innerhalb des Kristalls lassen sich hohe Verstärkungen für den Einzelprozeß bereits im Kristallzähler erreichen, so daß meßtechnisch durchaus eine apparative Konkurrenz zum Zählrohr vorliegt.

Abschließend wäre zur Frage der Meßmethoden für die Korpuskular- und γ- bzw. Röntgenstrahlung darauf hinzuweisen, daß hier nur die in der Praxis wichtigsten Verfahren skizziert wurden.

Prinzipiell kann jede Wirkung, die von der radioaktiven Strahlung ausgeht, auch zu ihrem Nachweis verwendet werden. Zum Beispiel können in Analogie zum photographischen Prozeß durch Dissoziation von Molekülen chemische Reaktionen ausgelöst werden, Ionen können als Kondensationskeime für übersättigte Dämpfe dienen, so daß Kondensationströpfchen die Bahn eines Teilchens markieren (Nebelkammer), Ionen verursachen in überhitzten Flüssigkeiten Dampfbildung, so daß kleine Dampfblasen die Bahn des Teilchens markieren („Blasenkammer"), und viele Erscheinungen mehr werden u. U. zur Strahlungsmessung eingesetzt.

9. Strahlenschutz. Abschirmmaßnahmen

9.1. *Einleitung*

Aufgabe des Strahlenschutzes ist es, bestimmte Materialien, Apparaturen und nicht zuletzt lebende Objekte vor der schädlichen Wirkung der Korpuskular- und γ- bzw. Röntgenstrahlung zu bewahren, wobei die Schädigung vornehmlich auf der direkten oder indirekten Ionisierungswirkung basiert.

Allen Strahlungssituationen gemeinsam ist die Schutzmöglichkeit des Objektes durch Abstandsvergrößerung. Ist der Durchmesser der im betrachteten Bereich isotrop strahlenden Strahlungsquelle und der des Strahlungsempfängers erst einmal klein gegen den Abstand, so verringert sich fortab die empfangene Strahlungsleistung mit dem Quadrat der Entfernung. Das ist eine außerordentlich drastische Reduktionsmaßnahme hinsichtlich der Strahlungsbelastung, die u. U. in der normalen Praxis gerade nicht durchgeführt werden kann, die bei Unglücksfällen jedoch zu den verläßlichsten Soforthilfemaßnahmen zählt! Umgekehrt wird aber auch klar, wie gefährlich eine Abstandsreduzierung z. B. beim Übergang von einer Zange zu den Fingern sein kann.

Die Begründung für dieses quadratische Abstandsgesetz liegt darin, daß sich die Strahlung von der Quelle aus unter der Voraussetzung, daß kein streuendes Zwischenmedium existiert, geradlinig ausbreitet wie jeder Partikelstrom. Die vom Strahlungsempfänger empfangene Strahlungsleistung ist nun dem Raumwinkel proportional, der, von einem Punkt der Strahlungsquelle ausgehend, durch die dargebotene (senkrecht stehende!) Fläche des Empfängers gegeben ist, denn es trifft den Empfänger diejenige Strahlung, die von der Quelle aus in diesen „Öffnungskegel" ausgesandt wird. Der Öffnungskegel, oder exakter der Raumwinkel, ist definiert als das Verhältnis der Normalfläche des Empfängers zum Quadrat des Abstandes.

Die quadratische Abhängigkeit vom Radiusabstand wird auch verständlich, wenn man sich eine isotrope Strahlungsquelle vorstellt und die Flächenbelastung auf einer sie umgebenden Kugelfläche $4\pi r^2$ betrachtet. Mit wachsendem Radius verteilt sich der gesamte emittierte Partikelstrom auf die mit r^2 wachsende (Kugel-) Fläche, so daß sich auf der Flächen*einheit* dort die Strahlungsdichte umgekehrt proportional, also mit $1/r^2$, reduziert.

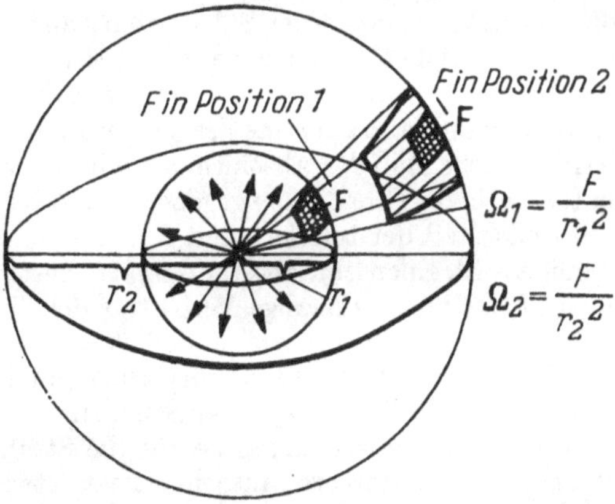

Der trivialen Lösung des Strahlenschutzproblems, nämlich die Quellen dieser Strahlung zu beseitigen oder das gefährdete Objekt gänzlich aus dem Strahlungsbereich (u. U. intermittierend) zu entfernen, stehen dann nur noch geeignete Abschirmmaßnahmen gegenüber. Dabei handelt es sich um Maßnahmen, die zu einer Reduktion der Partikelflußdichte dieser Strahlung führen, sei es durch Absorption oder durch Reflexion der Teilchen. In der Praxis der Strahlenschutztechnik kann nur das Absorptionsverfahren angewendet werden. Dabei taucht jedoch ein neues Problem auf, daß nämlich z. T. bei der Absorption der einen Strahlungssorte eine andere, u. U. noch gefährlichere oder weitreichendere, erzeugt wird. Im Kapitel der Kernreaktionen ist von derartigen Umwandlungsprozessen im Atomkern die Rede gewesen, und im Kapitel „Atomphysik" wird auf die Vorgänge im Bereich der Elektronenhüllen hingewiesen, wobei z. B. Elektronenstrahlung absorbiert, jedoch Röntgenstrahlung produziert wird.

Die Handhabung der Abschirmmaßnahmen für eine Strahlungssorte setzt also die Kenntnis voraus, welche sekundäre Strahlung dabei erzeugt wird und inwieweit diese wiederum gefährlich sein kann.

Bei der Verhütung von Schädigungen durch die Strahlung inkorporierter radioaktiver Substanzen kann naturgemäß nur die triviale Methode angewendet werden, diese Inkorporierung zu vermeiden. Die Schutzmaßnahmen reduzieren sich damit also auf reine Fragen der Dichtigkeit.

Das erforderliche Maß der Abschirmung wird durch das Maß der tolerierbaren Schädigung gegeben. Im rechtlichen Sinne wird das Maß der tolerierbaren Schädigung durch die jeweiligen Strahlenschutzbestimmungen festgelegt. Zur Zeit liegt das höchstzulässige Verhältnis der „künstlichen" Strahlungsbelastung zur natürlichen etwa bei dem Wert 100 für somatische (d. h. körperliche) und etwa beim Wert 10 hinsichtlich genetischer Schäden.

Der erforderliche Schwächungsgrad für die Strahlung, die von einem Reaktorcore ausgeht, liegt etwa bei $10^{10} \ldots 10^{12}$. Daraus resultiert, wie die Ausführungen dieses Kapitels zeigen werden, daß der Aufwand für den Strahlenschutz bzw. die entsprechenden Abschirmmaßnahmen außerordentlich groß sind.

Die Beurteilung der Notwendigkeit und der Wirksamkeit von Abschirmmaßnahmen setzt die Messung der Strahlungsintensitäten voraus. Entsprechende Meßmethoden wurden in dem betreffenden Kapitel bereits skizziert.

Die mathematisch funktionale Beschreibung der abschirmenden Wirkung eines Materials in Abhängigkeit von seiner Dicke ist u. U. recht kompliziert, da die Geometrie der Strahlungsquellen und die Geometrie des Strahlungsempfängers (vgl. Abb. 26, S. 147) eine wesentlich modifizierende Rolle spielen. Im allgemeinen bezieht man die abschirmende Wirkung auf eine punktförmige isotrope Strahlungsquelle und einen nahezu punktförmigen Strahlungsempfänger der Fläche F, zwischen denen sich konzentrisch um die Strahlungsquelle das homogene Absorbermedium befindet. Die Strahlungsintensität, die sich in diesem Fall aus der sogenannten Punktquellengleichung ergibt, bildet die Grundlage der Intensitätsberechnungen. Bei andersartiger Geometrie läßt sich die Strahlungsintensität dann über geeignete Integrationsverfahren gewinnen. Ebenso häufig ermittelt man jedoch wegen der mathematischen Schwierigkeiten in solchen Fällen die Strahlungsintensitäten und danach die Abschirmmaßnahmen experimentell.

Für die gerichtete Strahlung führt die Absorption in einem abschirmenden Material aus prinzipiellen Gründen zu einer Exponentialfunktion (vgl. Abschnitt 4.2.3.1.) für die Schwächung der Strahlungssorte bei vorgegebener Qualität (Energie und Art der Partikelstrahlung).

Für eine Strahlungsart definierter Energie wird die exponentielle Intensitätsschwächung durch den diesbezüglichen totalen Extinktionskoeffizienten K bestimmt, so daß sich die Punktquellengleichung bei der skizzierten konzentrischen Geometrie unter Berücksichtigung der dem Raumwinkel proportionalen Nullintensität I_0 (d. h. empfangene Intensität ohne Absorber bei einer isotrop strahlenden Strahlungsquelle der Intensität Q) ergibt zu:

$$I_0 = \frac{F}{4\pi r^2} Q$$

(Q = Quellintensität = Zahl der emittierten Teilchen pro Sekunde),

$$I = \frac{F}{4\pi r^2} Q e^{-Kd},$$

$$I = I_0 e^{-Kd}$$

(d = Absorberdicke in Strahlungsrichtung).

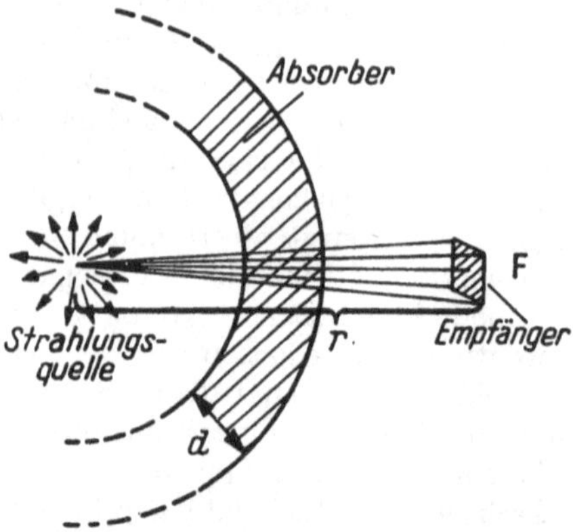

Im allgemeinen muß die Strahlschwächung im Absorber längs einer Strecke jedoch komplizierter durch eine Berücksichtigung verschiedener Absorptionskoeffizienten beschrieben werden, da, wie z. B. bei Neutronen der Fall, der Absorptionsquerschnitt im Absorbermaterial für eine Strahlungsart als Funktion der Energie keine Konstante und auch keine einfache monotone Funktion, vielmehr eine mit Resonanzspitzen durchzogene Größe ist.

Neben der exponentiellen Strahlschwächung wird dem Zuwachs an Streustrahlung (soweit vorhanden) beim Durchgang durch die Absorberschicht durch einen „Zuwachsfaktor" Rechnung getragen.

Bei der echten Absorption der Strahlung wird der größte Teil der Energie der Teilchen in Wärmeenergie des Absorbermaterials umgewandelt. Dabei tritt natürlich das Problem auf, ob der Werkstoff seinerseits durch die Erwärmung Schaden leidet oder an Abschirmwirksamkeit verliert. Auf diesen Problemkreis soll hier nicht eingegangen werden. Es sei vielmehr vorausgesetzt, daß die entstehende Wärme stets in der erforderlichen Weise abgeleitet werden kann.

Dient eine Abschirmung speziell dem Schutz von Menschen oder anderen biologischen Vorgängen in Tieren oder Pflanzen, so spricht man von einer „biologischen Abschirmung“.

Im folgenden werden die einzelnen Strahlungssorten getrennt und danach die praktische Reaktorabschirmung behandelt.

9.2. *Absorptionsverhältnisse durch Wechselwirkung mit Materie. Reichweiten*

9.2.1. *α-Teilchen* (und Spaltprodukte)

α-Teilchen haben eine vergleichsweise sehr kleine Reichweite in festen Körpern, Flüssigkeiten und auch in Gasen, wenn deren Druck 1 atm (= 760 Torr) oder mehr beträgt. Der Verlust an kinetischer Energie erfolgt durch Ionisation, wobei primär ein Ion und ein Elektron entstehen. Das Elektron kann darüber hinaus seinerseits kinetische Energie bekommen, die es zu weiterer (sekundärer) Ionisation befähigt. Für das α-Teilchen wächst die je Zentimeter Bahnlänge erzeugte primäre Ionenzahl mit abnehmender Energie, d. h. seiner abnehmenden Geschwindigkeit. Nach hinreichender Abbremsung fängt es zwei in Materie (stets vorhandene) Elektronen ein und ist dann als neutrales Helium-4-Atom unschädlich.

Die „Reichweite“ des α-Teilchens zählt bis zum Ort dieses totalen Energieverlustes. In Abschnitt 6.2.2.1. wurde bereits die Beziehung zwischen der Anfangsenergie des α-Teilchens und seiner Reichweite in Luft angegeben. Für 4 MeV liegt eine Reichweite in Luft von 760 Torr und 15 °C von 2,5 cm vor.

In anderen Materialien reduziert sich die Reichweite etwa im Verhältnis der Volumendichte der vorhandenen Hüllenelektronen. Da feste und flüssige Materie gegenüber einem (idealen) Gas von 760 Torr eine etwa 10^4mal größere Atomdichte besitzt, ist die Reichweite um diesen Faktor 10^4 (!) kleiner. Es ist also richtig, wenn man etwas pauschalierend sagt, daß α-Teilchen durch eine Postkarte (Dicke etwa 0,3 mm) vollständig absorbiert werden.

Elemente hoher Ordnungszahl mit dementsprechend hoher Volumendichte an Hüllenelektronen bremsen also noch stärker ab und reduzieren die Reichweite weiter.

Für andere Materialien als Luft definiert man auch als „Bremsvermögen" den Quotienten aus der Reichweite in 760 Torr Luft und der Reichweite in dem Medium. Dieses Bremsvermögen ist praktisch unabhängig von der kinetischen Energie der α-Teilchen.

Die Reichweite der α-Teilchen gibt praktisch auch das abrupte Ende eines α-Teilchenstrahles an, da alle α-Teilchen (einer einheitlichen Strahlungsquelle) mit gleicher Maximalenergie auftreten.

Neben der Abbremsung der α-Teilchen durch Ionisation ist die Schwächung einer α-Teilchenstrahlung durch Anregungsprozesse, Streuung und Kernreaktionen von untergeordneter Bedeutung.

Die bei der Kernspaltung auftretenden Spaltprodukte besitzen beim U-235, wie bereits angegeben, kinetische Energien von maximal etwa 100 MeV. Da sie hochgradig ionisiert sind, ist ihre Wechselwirkung mit Materie noch um ein mehrfaches intensiver als bei α-Teilchen. Ihre Reichweite entspricht etwa der von α-Teilchen mit 4 MeV Energie. Gesonderte Abschirmmaßnahmen gegen die Spaltprodukte als Korpuskularstrahlung sind also nicht erforderlich.

9.2.2. *Protonen*

Für Protonen gilt bezüglich der Abbremsung und Abschirmung über Ionisationsprozesse Analoges wie für α-Teilchen. Es ist lediglich zu berücksichtigen, daß die

Reichweite wegen der kleineren Masse, und deswegen bei gleicher kinetischen Energie höheren Fluggeschwindigkeit, größer ist.

4-MeV-Protonen haben in Luft (760 Torr, 15 °C) eine Reichweite von 23,1 cm. Bei gleichem Energieverlust pro Ionisierungsakt ist also die spezifische Ionisierung (= Zahl der Ionisierungsakte pro Wegeinheit) etwa um den Faktor 10 kleiner als bei α-Teilchen. Bei 1 MeV kinetischer Energie ist die spezifische Ionisierung etwa um den Faktor 7,5 kleiner.

9.2.3. *Elektronen und Positronen*

Strahlungsquellen von β-Teilchen senden (vgl. Abschnitt 6.2.2.2.) ein kontinuierliches Spektrum hinsichtlich der Energieverteilung aus, wobei nur das Maximum dieser Verteilung der Energiedifferenz des radioaktiven Übergangs im Kernzustand entspricht.

Liegt die kinetische Energie der β-Teilchen unter 10 MeV, so erfolgt die Abbremsung und damit Abschirmung wesentlich wie bei α-Teilchen und Protonen durch Ionisierung. Der Absorptionskoeffizient eines Materials erweist sich auch hier proportional zur Ordnungszahl und damit zur Volumendichte der Hüllenelektronen. Die spezifische Ionisierung ist gegenüber Protonen nochmals wegen der geringeren Teilchenmasse reduziert. Sie ist für 1-MeV-β-Teilchen in Luft etwa 160mal kleiner als für Protonen und etwa 1200mal kleiner als für α-Teilchen gleicher Energie.

Die erhebliche Streuung, die ein β-Teilchen durch elastische Stöße an den Atomkernen oder Atomhüllen erfährt, macht jedoch die Angabe einer definierten Reichweite auf der Basis einer Exponentialfunktion unmöglich.

Zwar erfolgt die Abnahme der Teilchenstromdichte zunächst exponentiell mit der Absorberdicke. Nach einer Reduktion der Teilchenstromdichte auf etwa den 10-ten Teil nimmt die Teilchenintensität jedoch stärker ab.

Man hat für β-Teilchen mit einer kinetischen Energie $0{,}6\ \text{MeV} < E_{\text{kin}} < 10\ \text{MeV}$ wenigstens eine empirische Beziehung für die Abhängigkeit der maximalen Reichweite $x_{\max}$ von der Teilchenenergie und der Massendichte des Absorbers ϱ (in g/cm³) aufgestellt:

$$x_{\max}\ (\text{in cm}) = \frac{1}{\varrho}\,[0{,}526\, E_{\max}\ (\text{in MeV}) - 0{,}094]\,.$$

Das Produkt $x_{\max}\,\varrho$ kann man auch als diejenige Massenflächendichte (in g/cm²) des Absorbers bezeichnen, durch die keine β-Teilchen der maximalen Energie $E_{\max}$ hindurchgehen.

Den β-Teilchen wird außer durch Ionisation auch Energie entzogen durch Aussendung von kurzwelliger Bremsstrahlung, die als elektromagnetische Welle bei der negativen Beschleunigung des Elektrons im COULOMB-Feld des Atomkerns auftritt. Entsprechend der kinetischen Energie im MeV-Bereich liegt das Bremsstrahlungskontinuum nicht mehr im Bereich der Röntgenstrahlen (Röntgenröhre), sondern im Bereich der γ-Quanten. Die kürzeste emittierte Wellenlänge (entsprechend der völligen Abbremsung der Elektronen) ist hier wie dort durch die Quantenbeziehung $h\nu_{\max} = E_{\text{kin max}}$ gegeben. Im Mittel geben β-Teilchen etwa die Hälfte ihrer kinetischen Energie durch Bremsstrahlung ab. Der Bremsenergieverlust nimmt mit wachsender kinetischer Energie der Elektronen zu. Das Verhältnis des Energieverlustes durch Bremsstrahlung zu dem durch Ionisation wird für $E_{\text{kin}} > 2\ \text{MeV}$ etwa durch den Quotienten ($Z E_{\text{kin Elektr}}$ (in MeV)/800) wiedergegeben. Dabei ist Z die Ordnungszahl des Absorbermediums.

9.2.4. *Photonen*

Von den verschiedenen Mechanismen der Wechselwirkung der γ-Quanten (allgemeiner: Photonen) mit Materie war bereits im Kapitel „Kernreaktionen“ die Rede. Im Energiebereich von 0,1 … 15 MeV sind es wesentlich 3 Prozesse: photoelektrischer Effekt, COMPTON-Effekt und Paarbildung, die ebenso hier im Sinne der Abschirmung betrachtet zu werden brauchen.

Oberhalb von 15 MeV würden (γ, n)-Reaktionen und unterhalb von 0,1 MeV reine elektromagnetische Streuung zusätzlich zu berücksichtigen sein. Die von einem Reaktor ausgehende γ-Strahlung liegt jedoch überwiegend in den genannten Grenzen zwischen 0,1 und 15 MeV.

Damit der photoelektrische Effekt an einem Atom (Anregung eines Elektrons in oder Herauslösung eines Elektrons aus der Atomhülle) mit großer Wahrscheinlichkeit stattfindet, muß die γ-Quantenenergie einer charakteristischen, durch zwei Hauptquantenzahlen bestimmten Energiedifferenz im Atom entsprechen, wobei die eine einem besetzten Ausgangszustand, die andere einem freien Endzustand entspricht.

Die höchste Energie tritt daher für die Ablösung eines Elektrons aus der K-Schale eines Elementes (mit der Ordnungszahl Z) auf; sie beträgt

$$E_{K,\infty} = (Z - 1)^2 \cdot 13{,}5 \text{ (in eV)}$$

und ergibt sich für Cu mit $Z = 29$ etwa erst zu 13 keV.

Für höhere γ-Quantenenergien sinkt der Wirkungsquerschnitt für den photoelektrischen Effekt sehr rasch, und zwar $\approx E^{-7/2}$ ab, er ist im übrigen $\approx Z^5$.

Als Abschirmeffekt tritt der Photoeffekt also nur bei kleinen γ-Quantenenergien in Materialien mit großer Ordnungszahl auf. Es ergibt sich für den Wirkungsquerschnitt folgender numerischer Wert:

$$\sigma_{\substack{\text{Photoeffekt} \\ K\text{-Schale}}} = \frac{8\pi r_0^2}{3} \frac{Z^5}{137^4} 4 \cdot \sqrt{2} \left(\frac{m_0 c^2}{E}\right)^{7/2};$$

$m_0 c^2 = 0{,}51$ MeV, $r_0 =$ klassischer Elektronenradius (in cm) $= 2{,}82 \cdot 10^{-13}$ cm, $m_0 =$ Elektronenruhmasse, $c =$ Vakuumlichtgeschwindigkeit.

In Kupfer reduziert sich demnach die γ-Quanten-Teilchenzahl bei 0,5 MeV Anfangsenergie über einer Strecke von etwa 15,5 cm auf den e-ten Teil (d. h. $I/I_0 = 1/2,7$).

Obwohl als Folge des durch γ-Quanten ausgelösten Photoeffektes die charakteristische Röntgenstrahlung des betreffenden Atoms auftritt, bedeutet dies in der Praxis keine Durchbrechung der Abschirmung, da diese vergleichsweise langwellige Strahlung ($h\nu_{max} = 13,5\, Z^2$ eV) in dem Absorber selbst wieder absorbiert (vgl. Abschnitt 10.3., Röntgenstrahlen, S. 197) und damit durch ihn „gleichzeitig" abgeschirmt wird.

Die COMPTON-Streuung führt zu einer Energiereduktion des γ-Quants je nach Streuwinkel und Anfangsenergie (vgl. oben). Dieser Abbremsungseffekt ist vor allem für γ-Quanten im Bereich zwischen 1 und 5 MeV dominierend. Er sorgt für eine Energieverlagerung in den Wirkungsbereich des Photoeffektes, durch den schließlich die vollständige Absorption erfolgt. Der Wirkungsquerschnitt pro Absorberatom für die COMPTON-Streuung steigt mit der Ordnungszahl Z des Absorberelementes. Schwere Elemente sind also auch hier am wirksamsten.

Die Paarbildung kann erst mit 1,02 MeV γ-Quantenenergie einsetzen. Der Effekt wird zur Abschirmung von γ-Quanten jedoch erst über 5 MeV gegenüber dem COMPTON-Effekt dominierend. Der Wirkungsquerschnitt wächst nämlich etwa mit (E [in MeV] $-$ 1,02), d. h. von der Schwellenenergie an proportional zur Quantenenergie. Hier sind ebenfalls die Elemente höherer Ordnungszahl die wirksameren, da der Wirkungsquerschnitt näherungsweise mit Z^2 ansteigt.

Insgesamt addieren sich die Einzelabsorptions- bzw. Wirkungsquerschnitte hinsichtlich der Abschirmung von γ-Quanten.

Abb. 30 gibt ein praktisches Beispiel für den in Schwerbeton ($\varrho = 4,2$ g/cm^3) erreichbaren Absorptionskoeffizienten von $K = 0,25$ cm^{-1} für Co-60-γ-Strahlung, deren Energie bei etwa 1,3 MeV (genau 1,17 MeV und 1,33 MeV) liegt.

Die Intensität nimmt im wesentlichen wie erwartet exponentiell ab. Ein Zuwachsfaktor für das breite Bündel — zunächst näherungsweise vorgeschlagen in der Form eines zur Exponentialfunktion e^{-Kd} hinzutretenden Multiplikationsfaktors in der Form $B = (1 + Kd)$ in der

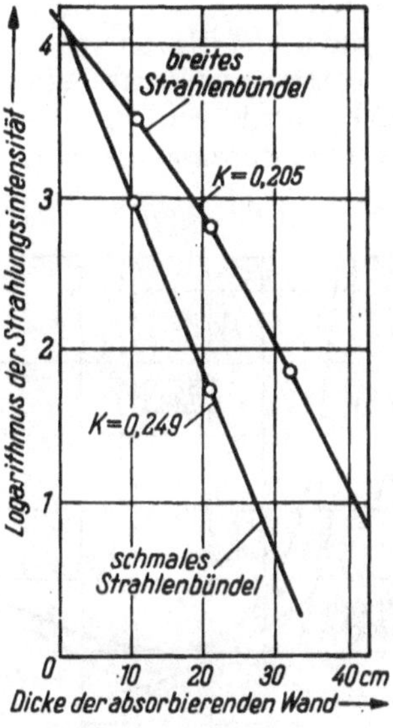

Abb. 30. Schwächung von schmalen und von breiten Bündeln von ^{60}Co-γ-Strahlung durch Schwerbeton ($\varrho = 4{,}2\ t/m^3$) mit Limonit- und Eisenschrottzuschlägen

logarithmischen Darstellung einer additiven und mit d wachsenden Konstanten entsprechend — ist für große Schichtdicken im Intensitätsverlauf gegenüber dem schmalen Bündel erkennbar.

Es wäre darauf hinzuweisen, daß man bei γ-Strahlung, wie bei Röntgenstrahlung, statt des Absorptionskoeffizienten meist den „Massenabsorptionskoeffizienten" K/ϱ angibt. Für ein Mischmedium hat man dann den pauschalen Massenabsorptionskoeffizienten gemäß der Beziehung

$$\frac{K_{\text{ges}}}{\varrho_{\text{ges}}} = \sum_{i=1}^{n} p_i \frac{K_i}{\varrho_i}$$

zu berechnen, wobei i die Sorte der Komponenten und p_i ihren Gewichtsanteil an der Gesamtdichte ϱ_{ges} angibt.

Abb. 31 gibt für in der Praxis verwendete Abschirmmaterialien den Massenabsorptionskoeffizienten als Funktion der Photonenenergie wieder, wobei der Anteil der jeweiligen Absorptionsprozesse gestrichelt eingezeichnet ist.

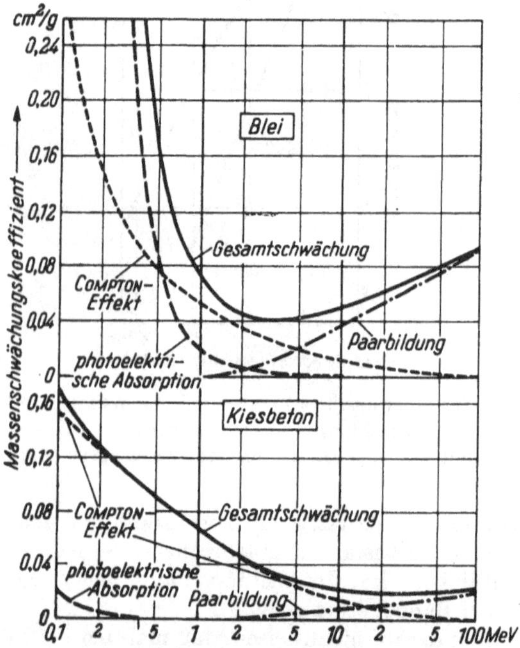

Abb. 31. Für die Bedingung des schmalen Strahlenbündels errechnete Massenabsorptionskoeffizienten für Blei und Beton als Funktion der Photonenenergie

9.2.5. *Neutronen*

Neutronen können zunächst abgebremst und so in ihrer Ausbreitung gehindert werden durch elastische oder unelastische Streuung. Bei der elastischen Streuung bleibt der Streukern unverändert zurück, obwohl die Streuung u. U. nicht nur an der Kernoberfläche erfolgt (Potentialstreuung), sondern auch als Wiederemission des Neutrons nach der Bildung eines Zwischenkerns erscheinen kann.

Die elastische Streuung folgt rein klassischen Gesetzen, und der Energieverlust bei *einem* Stoß ergibt sich im Mittel über alle Streuwinkel aus der Größe ξ, die als logarithmisches Energiedekrement bezeichnet wird und für die gilt

$$\xi = \frac{\ln E_i}{\ln E_{i+1}} = 1 + \frac{(A-1)^2}{2A} \ln \frac{A-1}{A+1}$$

(A = Massenzahl des Stoßpartners); E_i bzw. E_{i+1} bedeutet die Energie nach dem i-ten bzw. $(i+1)$-ten Stoß.

Leichte Elemente führen zum größten Energieverlust pro Stoß. An der Spitze steht Wasserstoff mit $\xi = 1$ wegen $A = 1$, d. h., die Energie des Neutrons reduziert sich im Mittel auf den e-ten Teil.

Die Zahl N der Stöße zur Abnahme einer größeren Energiedifferenz ΔE wird ersichtlicherweise gegeben durch

$$N = \frac{1}{\xi} \ln \frac{E_a}{E_a - \Delta E} \qquad (E_a = \text{Anfangsenergie}).$$

Für die Wirksamkeit des Mediums ist allerdings erst das Produkt aus $\xi\,\sigma_{\text{streu}}$ maßgebend, wobei der Wirkungsquerschnitt für den Streuprozeß σ_{streu} die Wahrscheinlichkeit bestimmt, daß ein Streuprozeß überhaupt stattfindet.

Für nahezu totale Abbremsung (bzw. Abbremsung auf die kleine thermische Energie) benötigen 2-MeV-Neutronen in Wasserstoff 18 Stöße, bei Uran sind vergleichsweise mehr als 2000 Stöße dazu erforderlich.

Bei der unelastischen Streuung bleibt der Stoßkern im angeregten Zustand zurück, aus dem er unter γ-Emission in den Grundzustand zurückkehrt. Die kinetische Neu-

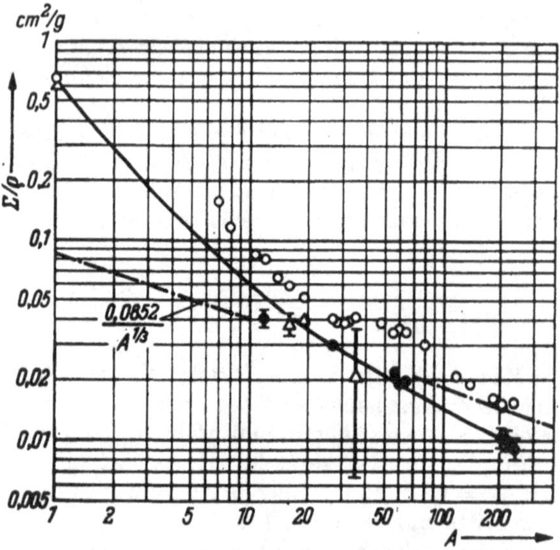

Abb. 32. Neutronenausscheid-Wirkungsquerschnitte, bezogen auf die Masseneinheit, als Funktion des Atomgewichts

o Gesamtwirkungsquerschnitte bei 8 MeV; • an Verbindungen gemessene Neuronenausscheid-Wirkungsquerschnitte; △ an Elementen gemessene Neutronenausscheid-Wirkungsquerschnitte

tronenenergie muß also mindestens gleich einer kleinsten Anregungsenergie des Kerns des Absorbermaterials sein. Bei schweren Kernen sind diese Energien kleiner ($\approx$ 0,1 MeV) als bei leichten ($\approx$ 2 MeV).

Elastische und unelastische Streuung rufen keine echte Absorption der Neutronen hervor, sondern nur eine

Richtungsänderung und eine Herabsetzung der Fluggeschwindigkeit.

Wirklich absorbiert werden Neutronen nur durch die Einfangreaktionen, die allerdings im Prinzip bei kleinen Energien wahrscheinlicher als bei hohen Energien sind.

Die Energieabhängigkeit der Einfangquerschnitte ist, wie mehrfach angedeutet wurde, durch die Überlagerung von Resonanzeinfängen sehr kompliziert. Abb. 32 gibt für 8-MeV-Neutronen den auf 1 g Masse bezogenen Gesamtausscheidungs-Wirkungsquerschnitt als Funktion der Massenzahl des Abschirmelementes wieder. Diese Größen sind an dicken Abschirmungen experimentell gewonnen und stellen eine Mittelung über die verschiedenen Neutronengruppen (verschiedene Energie, verschiedene Flußverteilung usw.) dar. Es würde hier zu weit führen und für die Übersicht wenig nützlich sein, tabellarisch auf die Einfangquerschnitte und die sich ergebende Absorptionseigenschaft der verschiedensten Materialien näher einzugehen. Es muß diesbezüglich auf die wenigen im vorliegenden Text aufgeführten Beispiele und im übrigen auf die Spezialliteratur verwiesen werden (z. B. HUGHES und SCHWARTZ „Neutron Cross Sections", s. Literaturverzeichnis Nr. 14).

Statt dessen seien im folgenden einige praktische Daten der Reaktorabschirmung aufgeführt.

9.3. *Praktische Abschirmung eines Reaktors und die Reduktion der Neutronen- und γ-Quantenflüsse*

Beim Reaktor kommt es im wesentlichen auf die Abschirmung gegen Neutronen und γ-Strahlung an. Ist die Abschirmung in dieser Beziehung ausreichend, so sind wegen der sehr viel stärker zur Absorption führenden Wechselwirkung α- und β-Strahlen desto eher abgeschirmt.

Bei den Neutronen handelt es sich um schnelle ($\approx$ 1,3 MeV) und thermische Neutronen und bei der γ-Strahlung um primär im Core entstehende sowie um in der Abschirmung selbst freigesetzte Strahlung im Energiebereich von 0,1 bis 12 MeV.

Zur Absorption der Neutronen werden zunächst leichte Elemente zur Abbremsung und zusätzlich Stoffe mit hohem Absorptionsquerschnitt für thermische Neutronen eingesetzt, während die γ-Strahlung in schweren Elementen vernichtet wird. Diese Kombination von leichten und schweren Elementen ist typisch für die Reaktorabschirmung.

9.3.1. *Betonabschirmung*

Bei ortsfesten Anlagen steht der Beton an der Spitze der verwendeten Abschirmmaterialien, da seine Verwendung neben geringen Kosten den Vorteil mit sich bringt, eine große Anpassungsfähigkeit bezüglich der Zusammensetzung, d. h. Schutzwirkung, und auch hinsichtlich der Formgebung zur Verfügung zu haben.

Abb. 30, S. 175, zeigte bereits die totale Abnahme der Strahlungintensität von 1,3-MeV-γ-Strahlen einer Co-60-Quelle. Abb. 33 ergänzt das Beispiel um die Intensitätsabnahme der 0,66-MeV-Cs-137-Strahlung in Leichtbeton ($\varrho = 2{,}3$ g/cm^3) bzw. Ziegel ($\varrho = 1{,}45$ g/cm^3).

Beachtenswert ist, daß hier eine 1 m dicke Wand erst eine Reduktion der Strahlungsintensität um den Faktor 10^5 erbringt. Eine Reduktion um den Faktor 10^{10} erfordert also eine Mauerdicke von 2 m. Das Reaktorbecken des Forschungsreaktors in München Garching hat z. B. eine derartige Betonwanddicke von 2 m.

Bei Neutronen wird der Beton wesentlich durch seinen Gehalt an leichten Elementen in der Form von Wasser wirksam. Optimal ist ein Feuchtigkeitsgehalt von etwa 7%, der auch während des Betriebes nicht in unkontrollierter Weise verlorengehen darf. Abb. 34 zeigt die Abnahme des Neutronenflusses in Magnetit-Limonit-Beton (ohne und mit Wasserverlust durch Wärmebehandlung) als Funktion der Dicke. Schnelle Neutronen (man geht von einer anfänglichen Energie von 8 MeV aus) werden in

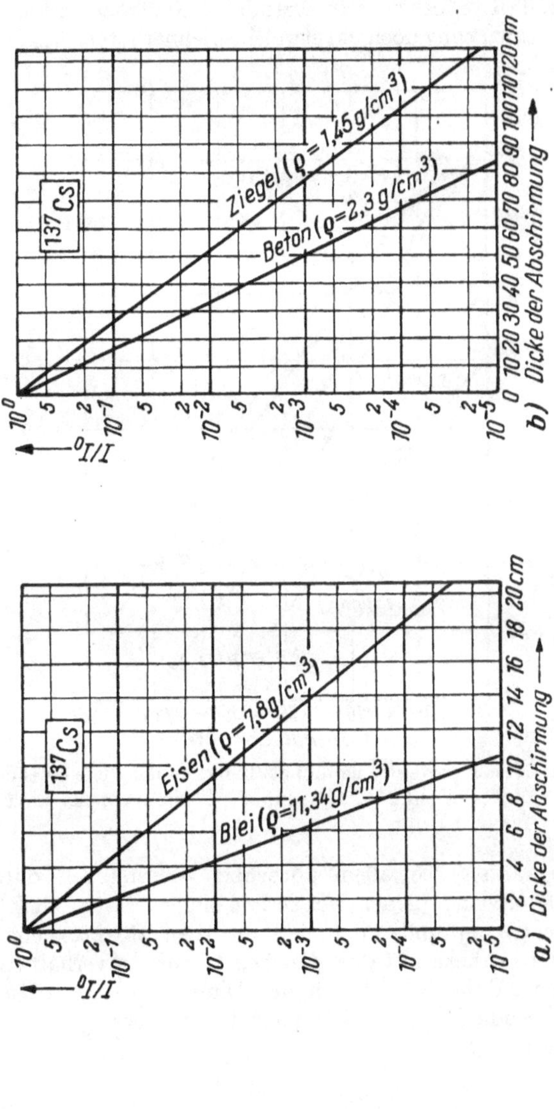

Abb. 33. Relative Schwächung der γ-Intensität (0,66 MeV) des von ^{137}Cs emittierten breiten Strahlenbündels

a) in Blei und Eisen; *b)* in Beton und Ziegel

einer 1 m dicken normalen Betonwand ebenfalls auf den 10^5-ten Teil reduziert. Für thermische Neutronen ist die Abschirmwirkung noch um etwa eine Zehnerpotenz besser.

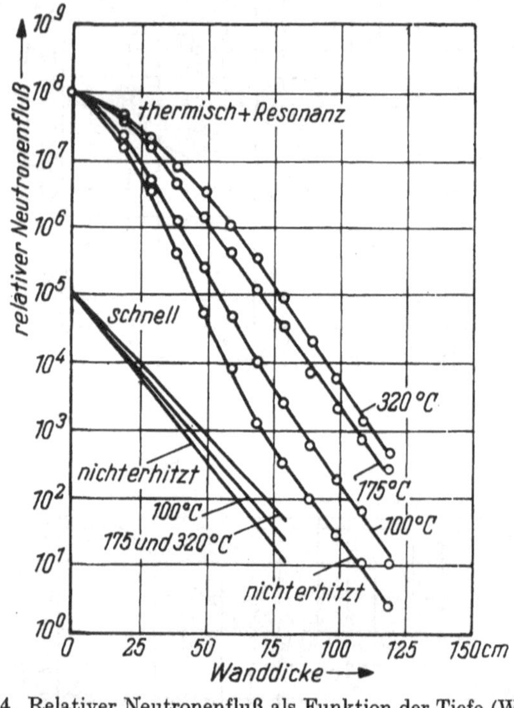

Abb. 34. Relativer Neutronenfluß als Funktion der Tiefe (Wanddicke) in auf 100, 175 und 320 °C erhitztem Magnetit-Limonit-Beton

Man kann — bei allem Vorbehalt — feststellen, daß eine Betonwand in der Dimension einiger Meter Dicke die Neutronen und Photonen, die dem Reaktor entstammen, nahezu mit dem gleichen Intensitätsverhältnis schwächt, d. h., hinsichtlich der Dimensionierungsfrage führen beide Strahlungskomponenten zu etwa gleichem Ergebnis.

9.3.2. *Metalle und Wasser bzw. organische Stoffe als Abschirmung*

9.3.2.1. Blei und Eisen

Bei mobilen Reaktoren, z. B. in U-Booten, werden als Abschirmmaterialien Stahl und Blei einerseits und Wasser und organische Stoffe (z. B. Polyäthylen) andererseits eingesetzt. Bei der geeigneten schichtweisen Anordnung der schweren Elemente zur Absorption der γ-Strahlung und der leichten Elemente zur Absorption der Neutronen lassen sich Masse- und Raumvorteile gegenüber einem quasihomogenen Medium wie Beton erreichen. Günstig wäre an sich die Anordnung der schweren Elemente nahe um den Reaktor und der leichten Elemente außen, da sich so für die spezifisch schwere Komponente der Abschirmung ein kleines Volumen ergibt; die (n,γ)-Reaktionen im Neutronenabsorber erzwingen jedoch auch außen eine Abschirmung gegen γ-Strahlen.

Blei mit seiner hohen spezifischen Dichte von 11,35 g/cm³ ist bei gleichzeitiger Preiswürdigkeit als Standardsubstanz für die Abschirmung von γ-Strahlen aufzufassen. Aus diesem Grunde rechnet man die Schirmwirkung anderer Materialdicken häufig auf „Bleiwertdicke" d_{Pb} um.

Abb. 31, S. 176, zeigt zum Vergleich die Massenschwächungskoeffizienten von Blei und gewöhnlichem Kiesbeton der Massendichte $\varrho = 2{,}3$ g/cm³ als Funktion der Quantenenergie der γ-Strahlung. Es ist zu beachten, daß der Massenschwächungskoeffizient von Blei bei etwa 3 MeV ein Minimum aufweist.

Eisen bei einer Massendichte von 7,85 g/cm³ ist weniger wirksam als Blei. Abb. 35 zeigt die Äquivalentdicke von Fe, bezogen auf Blei, als Funktion der γ-Quantenenergie für 3 Schwächungsgrade:

a) $Kd = 1$, entsprechend einem Abfall der Strahlungsleistung auf den e-ten Teil,

b) $Kd = 5$, entsprechend einem Abfall auf $1/e^5 = 1/150$, und

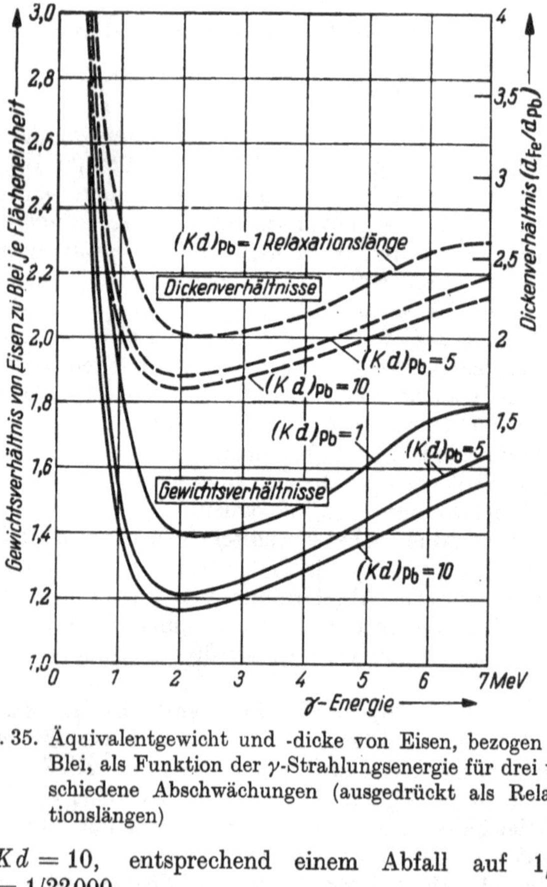

Abb. 35. Äquivalentgewicht und -dicke von Eisen, bezogen auf Blei, als Funktion der γ-Strahlungsenergie für drei verschiedene Abschwächungen (ausgedrückt als Relaxationslängen)

c) $Kd = 10$, entsprechend einem Abfall auf $1/e^{10} = 1/22000$.

Man erkennt, daß bei gleichem Schwächungsverhältnis die Eisenabschirmung etwa doppelt so dick ausgeführt werden muß wie in Blei.

Wird Eisen in der Form von Stahl zur Abschirmung von γ-Strahlung bei begleitender Neutronenstrahlung, wie beim Reaktor üblich, eingesetzt, so ist auf Freiheit von Mangan oder Kobalt zu achten, da die γ-Abschirmung durch eigene (n, γ)-Reaktionen an diesen Elementen durchbrochen würde.

Abb. 36 zeigt als praktisches Beispiel die Schwächung der γ-Strahlungsintensität von Co-60 (etwa 1,3 MeV Quantenenergie) für Blei und Eisen als Funktion der

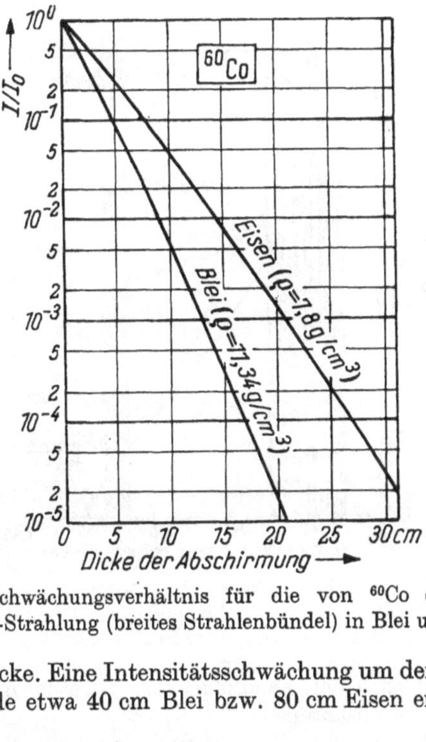

Abb. 36. Schwächungsverhältnis für die von ^{60}Co emittierte γ-Strahlung (breites Strahlenbündel) in Blei und Eisen

Schichtdicke. Eine Intensitätsschwächung um den Faktor 10^{10} würde etwa 40 cm Blei bzw. 80 cm Eisen erfordern.

9.3.2.2 Wasser

Wasser enthält $6{,}7 \cdot 10^{22}$ Wasserstoffatome pro Kubikzentimeter und bremst dadurch über elastische Stöße Neutronen wirksam ab. Schließlich kommt es zum Neutroneneinfang, wobei eine 2,2-MeV-γ-Strahlung frei wird. Günstiger ist es, dem Wasser geringe Mengen von Bor in der Form wasserlöslicher Borsalze beizufügen. Bor fängt dank seines großen Einfangquerschnittes auch in geringer Beimengung die Neutronen weg, wobei eine weniger harte γ-Strahlung von nur 0,5 MeV Quantenenergie frei wird, die leichter, d. h. mit weniger Material-

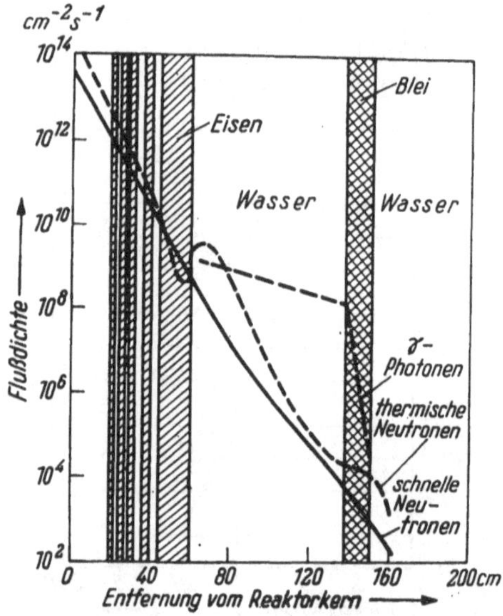

Abb. 37. Schema der primären Abschirmung des „Submarine Thermal Reactor" (STR) und der Flußdichten als Funktion der Entfernung vom Reaktorkern

aufwand, in einer nachfolgenden γ-Abschirmung vernichtet werden kann.

Abb. 37 zeigt als Beispiel einer kombinierten Eisen—Wasser-Abschirmung für Neutronen- und γ-Strahlung den Schichtaufbau der primären Reaktorabschirmung in einem U-Boot. Der Abfall der Strahlungsflußdichten ist eingetragen. Es ist bei einer Gesamtwanddicke von etwa 1,60 m eine Reduktion sowohl des Neutronen- als auch des γ-Quantenflusses um den Faktor 10^{12} (!) erreicht.

9.3.2.3. Polyäthylen

Polyäthylen der chemischen Zusammensetzung $(CH_2)_n$ ist der meist verwendete *feste* Neutronenabsorber in Abschirmungen. Es ist mit $8 \cdot 10^{22}$ Wasserstoffatomen pro Kubikzentimeter noch wirksamer als Wasser, obwohl es nur eine Dichte von 0,92 g/cm³ hat, also spezifisch leichter als Wasser ist. Auch hier wird durch Borzusätze ($\approx$ 1 Gew.-%) erreicht, daß die Einfangreaktion nicht am Wasserstoff selbst erfolgt, sondern am Bor mit dem Vorteil der geringeren γ-Quanten-Energie.

10. Atomphysik

Im folgenden Kapitel sollen einige Grundlagen aus dem Bereich der Atomphysik, d. h. aus demjenigen Bereich der Atomphysik, der sich mit dem Aufbau der Elektronenhülle der Atome beschäftigt, insofern rekapituliert werden, als die dabei vorkommenden Begriffe zum Verständnis der physikalischen Grundlagen der Kernenergiegewinnung und damit zum Verständnis der obigen Ausführungen erforderlich sind.

10.1. *Das Wasserstoffatom*

Das Wasserstoffatom besteht aus einem Proton als Atomkern und einem einzigen Elektron als Elektronenhülle. Es stellt damit das einfachste Atom dar. Es ist in seinen energetischen Verhältnissen berechenbar und deswegen in seinen Gesetzmäßigkeiten am leichtesten darstellbar.

Das Elektron befindet sich im elektrostatischen Potential der durch das Proton gegebenen einfach positiven Elementarladung. Die Energiezustände, in denen sich das Elektron aufhalten kann, erweisen sich nach den Gesetzen der Wellenmechanik in Übereinstimmung mit der Erfahrung als diskret und durch folgende Beziehung gegeben:

$$E_n = -R \frac{1}{n^2}$$

(n = Hauptquantenzahl = 1, 2, 3, ...,
R = RYDBERG-Konstante = 13,6 eV).
Die Laufzahl n nennt man die Hauptquantenzahl.

Die Energiezustände werden geringfügig modifiziert („aufgespalten") je nach Maßgabe der weiteren 3 Quantenzahlen, die das System, d. h. das Elektron im elektrostatischen Zentralfeld einschließlich der relativistischen Massenveränderungen, beschreiben.

Es sind

a) die Drehimpuls- (oder Neben-) Quantenzahl $l = 0, 1, 2, 3, \ldots, (n-1)$,

b) die magnetische Quantenzahl $m = -l, (-l+1), (-l+2), \ldots, 0, 1, 2, 3, \ldots, l$,

c) die magnetische Spinquantenzahl $m_s = +1/2, -1/2$.

In der Wellenmechanik hat das Quadrat der Amplitude der das Elektron beschreibenden Materiewelle (DE BROGLIE) die Bedeutung der Aufenthaltswahrscheinlichkeit des Elektrons an der betreffenden räumlichen Stelle.

Abb. 38 liefert eine Vorstellung der räumlichen Verteilung der Aufenthaltswahrscheinlichkeit für einige verschiedene Kombinationen der Quantenzahlen n, l und m. Die Spinquantenzahl ist für diese Darstellung der Aufenthaltswahrscheinlichkeit nicht von Bedeutung.

Eigentümlich ist den verschiedenen Kombinationen der 4 Quantenzahlen, daß, von Feinheiten abgesehen, doch nur die Hauptquantenzahl den *energetischen* Zustand des Elektrons beschreibt.

Das Elektron kann unter der Einwirkung einer äußeren Energiezufuhr von einem Energieniveau auf ein höheres (höhere Hauptquantenzahl) angehoben werden. Es fällt dann spontan wieder auf den Ausgangszustand (= Grundzustand) zurück. Dabei wird aus Energieerhaltungs-

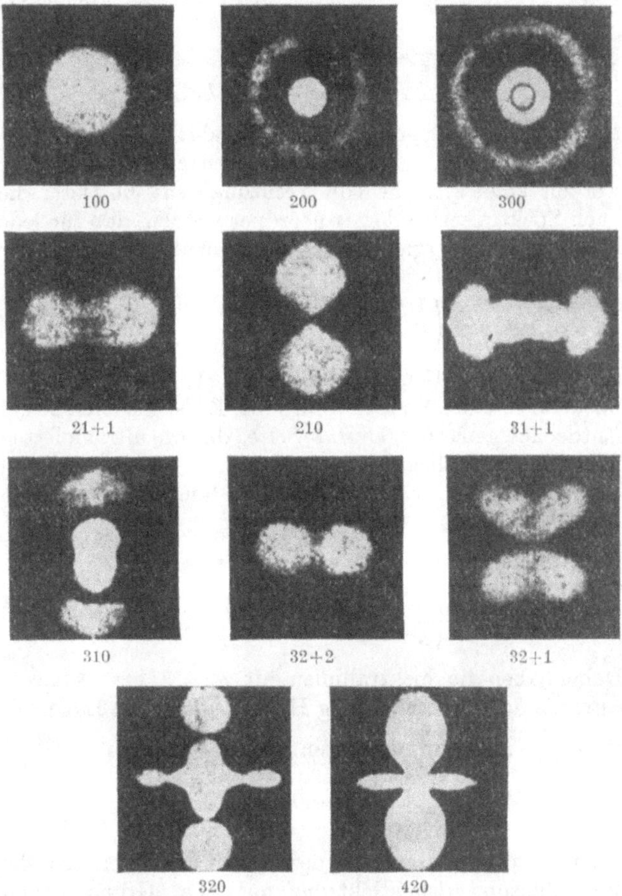

Abb. 38. Räumliche Elektronendichte (Aufenthaltswahrscheinlichkeitsdichte des Elektrons) $\psi^*\psi$ des Elektronensystems (nach WHITE)

Die Bilder sind um eine vertikal in der Zeichenebene liegende Achse (z-Achse) rotierend zu denken; die Zahlentripel unter den Bildern geben die Werte der Quantenzahlen $n l m$ des betreffenden Zustandes an; drehimpulsfreie Zustände ($l = 0$, erste Reihe) sind kugelsymmetrisch; der Abbildungsmaßstab ist bei Übergang zu höheren n-Werten proportional n^{-2} verkleinert, in Wirklichkeit nimmt der Radius der Elektronenwolke etwa proportional n^2 zu

gründen die Energiedifferenz

$$\Delta E = E_m - E_n = h\nu$$

als Lichtquantenenergie $h\nu$ abgestrahlt. Da der Rücksprung in allen möglichen Einzelschritten erfolgen kann, werden eine Vielzahl von Lichtquanten emittiert, die nach Spektralserien derart geordnet werden, daß für jede Serie der Endenergieterm konstant gehalten wird.

Die Serie

$$h\nu = R\left(\frac{1}{1^2} - \frac{1}{m^2}\right) \qquad \text{mit} \quad m = 2, 3, 4$$

ist die auf den Grundzustand ($n = 1$) zurückführende Spektralserie des Wasserstoffatoms. Es ist die nach ihrem Entdecker genannte LYMAN-Serie, die im ultravioletten Spektralbereich liegt.

Entsprechend existieren folgende langwelligere Serien (vgl. das Schema Abb. 39):

BALMER-Serie (im sichtbaren Spektralbereich)

$$h\nu = R\left(\frac{1}{2^2} - \frac{1}{m^2}\right); \qquad m = 3, 4, 5, \ldots$$

Dabei haben die Spektrallinien mit $m = 3$ bzw. 4 bzw. 5 usw. die Sonderbezeichnung H_α-, H_β-, H_γ-, ... Linie.

PASCHEN-Serie (im ultraroten Spektralbereich)

$$h\nu = R\left(\frac{1}{3^2} - \frac{1}{m^2}\right); \qquad m = 4, 5, 6, \ldots$$

Die Ionisierungsenergie des Wasserstoffatoms ist die zur Ablösung des Elektrons aus dem Grundzustand gerade ausreichende Energie. Es ist die Differenz der Energieterme mit $n = 1$ und $m = \infty$ und ist damit durch den Wert der RYDBERG-Konstanten selbst zu 13,6 eV gegeben.

Die oben vergröbernd als unbedeutend hingestellten Energieunterschiede je nach der Größe der übrigen Quantenzahlen sind umgekehrt natürlich bei der Spektralanalyse der emittierten Strahlung des Wasserstoff-

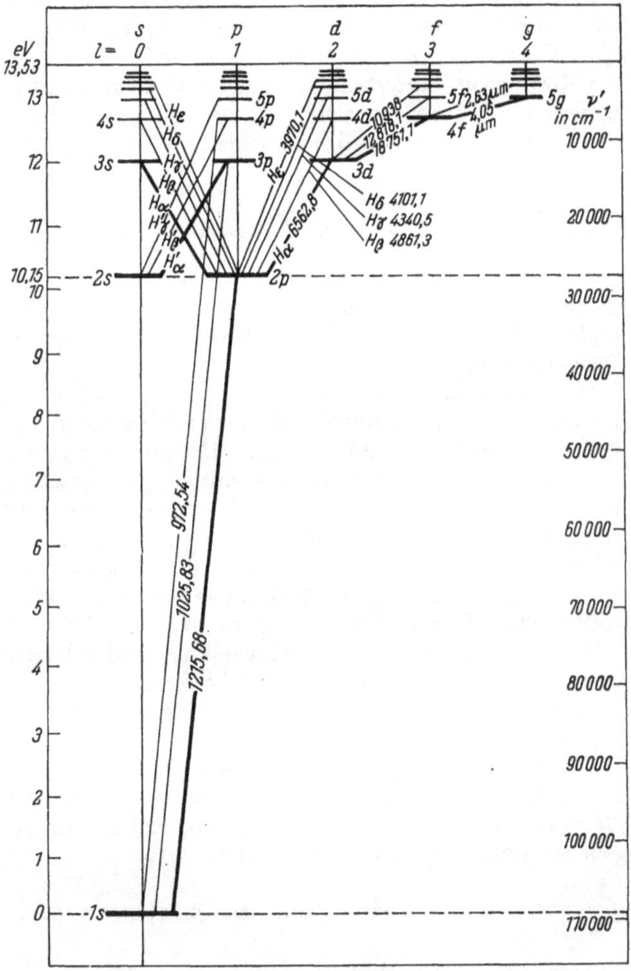

Abb. 39. Energieniveaus des Wasserstoffatoms

Die Stärke der Linien entspricht der Übergangswahrscheinlichkeit

atoms leicht festzustellen, da das Auflösungsvermögen guter Spektrometer Energieunterschiede bis zu 10^{-4} oder 10^{-5} eV auszumessen gestattet. Im Vergleich zu den in der Kernphysik auftretenden Energien können derartige Differenzen jedoch vernachlässigt werden, so wesentlich sie in der Atomphysik selbst natürlich sind.

10.2. *Elemente mit mehreren Elektronen*

Hat ein Atomkern Z Protonen, so finden sich in der Hülle des neutralen Atoms auch Z Elektronen. Z ist zugleich die Ordnungszahl des Elementes im Sinne des Periodensystems der Elemente.

Die chemische Periodizität, d. h. die Periodizität der chemischen Eigenschaften der Atome trotz monoton aufsteigender Ordnungszahl, hat ihre Ursache darin, daß sich ein Teil der Elektronen in bestimmten geometrischen Konfigurationen um den Atomkern (man spricht von vollgefüllten Schalen) in ihrer Wirkung gegenseitig aufheben. Für das chemische Verhalten entscheidend sind dann nur noch die äußeren Elektronen der letzten nicht vollgefüllten Schale, die sogenannten Valenzelektronen.

Bezüglich dieses Schalenaufbaues spielen die beiden Quantenzahlen n und l die wesentliche Rolle.

Gemäß der oben aufgeführten Bedingungen für die Größe der Quantenzahlen existieren für jeden Satz der drei Quantenzahlen n, l und m noch zwei Möglichkeiten für die Spinquantenzahl. Ist l vorgegeben, so kann m noch $(2l + 1)$ verschiedene Werte annehmen, und für ein gegebenes n existieren damit zusammen

$$\sum_{l=0}^{(n-1)} 2(2l + 1) = 2n^2 \text{ verschiedene Quantenzustände.}$$

Nach dem Pauli-Prinzip kann in einem Atom jeder eindeutige, d. h. durch die Festlegung der vier Quantenzahlen definierte Quantenzustand nur von *einem* Elektron eingenommen werden.

Es existieren also in einem Atom $2n^2$ Elektronen gleicher Hauptquantenzahl n, $2(2l+1)$ Elektronen zusätzlich gleicher Nebenquantenzahl l und zwei Elektronen zusätzlich gleicher magnetischer Quantenzahl m.

Die Anordnung der Elektronen bei wachsender Kernladungszahl (= Ordnungszahl) Z geht so vor sich, daß immer die tiefstmöglichen Energiezustände zuerst besetzt werden. Das entspricht zunächst der Reihe der aufsteigenden Quantenzahlen mit wachsendem n und darin wachsendem l und darin wachsendem m und darin die zwei Zustände verschiedener Spinquantenzahl.

Die im Anhang wiedergegebene Darstellung des Periodensystems der Elemente gestattet es, diesen Besetzungsverlauf unmittelbar abzulesen.

Als „Ordinate" (von oben nach unten!) sind die Elektronenschalen mit wachsender Hauptquantenzahl n in der historischen Bezeichnung durch die Buchstaben K, L, M, N, O, P, entsprechend $n = 1, 2, 3, \ldots$, aufgetragen und für jedes n darin wachsende Bahndrehimpuls- (oder Neben-) Quantenzahl $l = 1, 2, 3$, hier, der historischen Kennzeichnung durch kleine Buchstaben entsprechend, mit s, p, d, f für $l = 0, 1, 2, 3, 4$. Als Abszisse erscheint die gewohnte Einteilung der Elemente in Haupt- und Nebengruppen. Die üblichen Zeilen des Periodensystems sind durch Schraffur in „Bändern" zusammengefaßt.

Der Vorteil dieser Darstellung liegt darin, daß nun, da jedes Element bezüglich der Quantenzahlen dort steht, wo das zu ihm führende letzte Elektron eingebaut wird, der sukzessive Besetzungsverlauf der Elektronenzustände verfolgt und die jeweilige Konfiguration eines Elements übersichtlich erfaßt werden kann. Dabei werden auch die sogenannten Platzwechsel deutlich, die bei der Konstituierung eines Elements u. U. auftreten. Tritt nämlich ein neues Elektron hinzu, so kann das eine Umordnung der energetischen Reihenfolge der vorher bereits besetzten Zustände und damit ein Überwechseln eines „früheren" Elektrons auf einen anderen Platz zur Folge haben. Nur vorläufig besetzte Plätze sind kenntlich an Pfeilen, die

die genaue Art des Platzwechsels angeben; an dem Pfeil ist das Element angetragen, zu dessen Konstituierung dieser Platzwechsel zusätzlich erfolgt. Zum Beispiel wird das zweite $4s$-Elektron erstmalig beim Ca eingebaut, wechselt aber zweimal bei Cr und nach Mn wieder beim Cu in die $3s$-Schale hinüber, um erst beim Zn endgültig zu bleiben.

Die Seltenerdmetalle und die Aktiniden sind im Besetzungsverlauf folgerichtig eingebaut, jedoch wegen ihrer jeweils aus der betreffenden Gruppe herausfallenden chemischen und spektralen Ähnlichkeit durch eine gesonderte Schraffur gemeinsam gekennzeichnet.

In den unteren Zeilen ist die spektroskopische Gemeinsamkeit des Grundzustandes untereinanderstehender Elemente je nach Schraffur gekennzeichnet.

Unterschieden sind neben den Seltenerdmetallen und den Aktiniden, deren undifferenziertes chemisches Verhalten in der „zurückliegenden" bzw. inneren Situation des Auffüllprozesses mit Elektronen augenfällig wird, auch die ersten drei Perioden durch eine gesonderte Schraffur, denn so erscheinen in den verbleibenden drei Perioden die bekannten „Triaden" enger chemischer Verwandtschaft.

Am Ende jeder Zeile ist die maximale Zahl der Elektronen in dieser Schale [$2(2l+1)$ bzw. $2n^2$] angeschrieben. Um verfolgen zu können, wann ein Element vollgefüllte innere Schalen hat, trägt das letzte Element einer Schale eine abschließende Klammer.

Die Elemente haben demnach Edelgascharakter, wenn bei einer beliebigen Hauptquantenzahl der s-Zustand und die möglichen p-Zustände voll besetzt sind. Dem entspricht die Existenz von 8 Elektronen in der äußersten Schale, und hier ist die Wurzel für die dem Chemiker geläufige Oktetttheorie der chemischen Bindung zu suchen.

Hat ein Element darüber hinaus *ein* weiteres Elektron, so liegt ein Alkalimetall vor, *zwei* weitere Elektronen führen zu den Erdalkalien usw.

Mit der chemischen Periodizität gehen mit gleicher Periode auch atomphysikalische Eigenschaften einher.

Abb. 40 zeigt die Ionisierungsenergien der Elemente in Abhängigkeit von der Ordnungszahl. Edelgase haben die größten Ionisierungsenergien, Alkalimetalle die kleinsten.

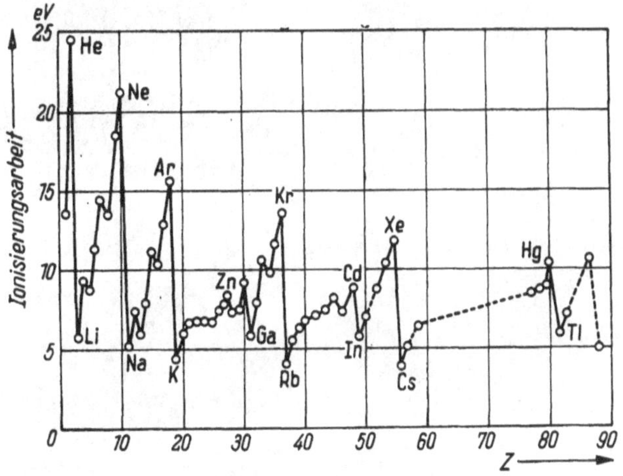

Abb. 40. Ionisierungsarbeit der Atome als Funktion von Z

Abb. 41 gibt in der gleichen Darstellungsart das Atomvolumen[1]) wieder. Hier zeigen sich Maxima bei den Alkalimetallen, bei denen also das *eine* äußere Elektron eine besonders große Ausdehnung der Aufenthaltswahrscheinlichkeit hat.

---

[1]) Da die „verschmierte“ und nach außen langsam abfallende Aufenthaltswahrscheinlichkeit der Valenzelektronen die äußere Grenze des Atoms keineswegs so exakt bestimmt, wie man es bei makroskopischen (Billard-)Kugeln gewohnt ist, ist gleichermaßen auch das Atomvolumen eine Größe, die je nach der Art des „Meßverfahrens“ etwas anders ausfällt. Der gaskinetische Stoßquerschnitt z. B. führt zu einem größeren Atomvolumen als der Streuquerschnitt für relativ schnelle Elektronen. Die Angaben der Abbildung beziehen sich auf das gaskinetische Volumen (vgl. auch den entsprechenden Korrekturfaktor in der VAN DER WAALSschen Zustandsgleichung realer Gase).

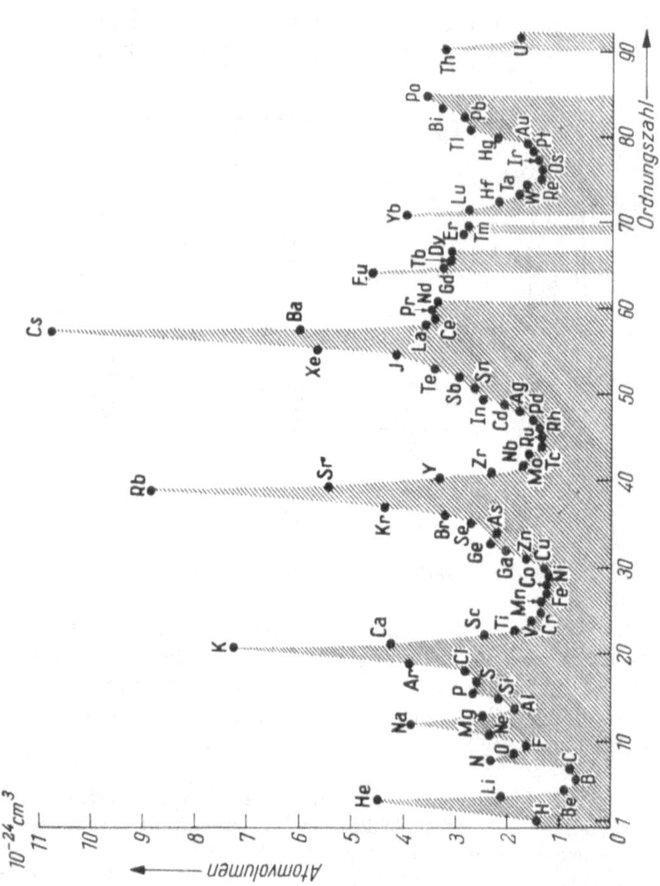

Abb. 41. Atomvolumen der Elemente

10.3. *Röntgenstrahlen*

10.3.1. *Emission*

Als Röntgenstrahlung bezeichnet man kurzwellige elektromagnetische Wellen, deren Wellenlängen in der Größenordnung von 1 Å liegen. Der Wellenlänge von 1 Å entspricht eine Quantenenergie der Photonen von $1{,}23 \cdot 10^4$ eV = 12,3 keV.

Eine derart kurzwellige Strahlung wird von Atomen ausgesandt, wenn Elektronen zwischen Energiezuständen kleiner Hauptquantenzahlen im Sinne abnehmender Energie übergehen und die Ordnungszahl relativ hoch ist.

Bei hoher Ordnungszahl sind die „inneren" Schalen niedriger Hauptquantenzahl vollständig mit Elektronen besetzt. Derartige Übergänge können demnach erst dann stattfinden, wenn aus diesen besetzten Schalen des Atoms Elektronen entfernt worden sind. Dem Atom muß also zunächst die dazu notwendige „Anregungsenergie" zugeführt werden. Diese Energie entspricht der Energiedifferenz zwischen dem Ausgangszustand und dem Endzustand des angeregten Elektrons. Der Endzustand muß jedoch frei sein, damit das Elektron dorthin gebracht werden kann, oder aber das Elektron wird bei diesem Anregungsakt völlig vom Atom getrennt, das Atom wird dabei ionisiert.

Um die Anregungsenergie quantitativ angeben zu können, ist festzustellen, daß die Bindungsenergie eines Elektrons im elektrostatischen Potential der Kernladung proportional mit dem Quadrat der wirksamen Ladung anwächst. Ein Elektron in der durch die Hauptquantenzahl n bestimmten Schale eines Elementes der Ordnungszahl Z hat dort eine Energie (negatives Vorzeichen wegen des Bindungscharakters) von

$$E_n = -R\,(Z - \sigma)^2 \frac{1}{n^2}.$$

Die Größe σ ist dabei die sogenannte Abschirmkonstante. Sie berücksichtigt, daß auf das betrachtete Elektron durch die weiter innen liegenden (im Zustand kleiner Hauptquantenzahl befindlichen) oder auch durch die weiteren Elektronen in der gleichen Schale nur eine entsprechend verminderte Zentralladung wirkt, da diese Elektronen einen entsprechenden Bruchteil der positiven Kernladung neutralisieren.

Für ein Elektron in der K-Schale hat die Abschirmkonstante σ ziemlich genau den Wert 1, denn in der K-Schale existiert nur noch ein weiteres (s-) Elektron, dementsprechend wird nur etwa eine positive Elementarladung der Kernladung bezüglich der Bindung des betrachteten zweiten Elektrons in der K-Schale unwirksam.

Für ein Elektron in der L-Schale ($n = 2$) hat σ den Wert 7,5, d. h., die insgesamt vorhandenen Elektronen schirmen 7,5 Elementarladungen der Kernladung ab. Dieser Wert der Abschirmkonstanten ist in etwa zu erwarten, denn für die Abschirmung sind im wesentlichen die 10 Elektronen gleicher oder kleinerer Hauptquantenzahl verantwortlich. Die räumliche Verteilung ihrer Aufenthaltswahrscheinlichkeit reduziert ihre Wirkung auf eine Äquivalenz von 7,5 abschirmenden negativen Elementarladungen.

Die minimale Energie zur Anregung eines Elektrons aus der betreffenden Schale mit gleichzeitiger Ionisierung des Atoms ist jetzt unmittelbar gegeben durch den Betrag dieser Bindungsenergie, denn dem Endzustand kommt die Hauptquantenzahl $n = \infty$ und damit die Energie Null zu.

Um in diesem Sinne z. B. ein Elektron aus der K-Schale des Kupfers bis zu dessen Ionisierung anzuregen, bedarf es wegen $Z_{\mathrm{Cu}} = 29$ der minimalen Energie von

$$E_{\text{Kupfer}}^{K\text{-Schalen-Ionis.}} = 13{,}6\ \mathrm{eV} \cdot (28)^2 = 10{,}65\ \mathrm{keV}.$$

Ein Platz in der K-Schale z. B. kann jedoch bereits durch Anregung eines Elektrons in die nächste noch nicht vollständig besetzte Schale erfolgen. Die Energie dazu ist jedoch nur unbedeutend kleiner als die minimale Anregungsenergie mit Ionisierung. Bei Kupfer, um beim

Beispiel zu bleiben, ist bei 29 Elektronen die M-Schale voll besetzt, und die Anregung muß in die N-Schale ($n = 4$) erfolgen. Die minimale Anregungsenergie beträgt demnach

$$E_{\text{minimal } K\text{-Serie, Cu}} = 13{,}6\,(29 - 1)^2 \left(\frac{1}{1^2} - \frac{1}{4^2}\right) = 10{,}0 \text{ keV}.$$

Die notwendige Energie in der Größenordnung einiger keV kann dem Atom durch Elektronenstoß zugeführt werden, d. h. durch Beschuß mit freien Elektronen einer entsprechenden Energie, die diese wiederum erhalten, wenn sie die zugehörige Spannung von einigen kV zu ihrer Beschleunigung durchfallen haben. Diese Art der Anregung erfolgt in Röntgenröhren.

Die Anregungsenergie kann jedoch auch durch Röntgenstrahlung selbst aufgebracht werden. Das Atom absorbiert dann das Röntgenquant.

Als Folge des Freiwerdens eines Elektronenplatzes in inneren und sonst vollbesetzten Schalen „springen" energetisch höhere Elektronen auf diesen tieferen Energiezustand zurück; dabei wird die der überbrückten Energiedifferenz entsprechende Energie als Photon emittiert.

Die Vielzahl der auftretenden Spektrallinien ordnet man in Analogie zu den Verhältnissen der Lichtemission in Spektralserien, die nach denjenigen Schalen benannt sind, auf denen die Rücksprünge der Elektronen enden (vgl. Abb. 42).

Die K-Serie hat die Serienformel

$$(h\nu)_{K\text{-Serie}} = R(Z - 1)^2 \left(\frac{1}{1^2} - \frac{1}{m^2}\right); \qquad m = 2, 3, 4, \ldots,$$

die L-Serie die Formel

$$(h\nu)_{L\text{-Serie}} = R(Z - 7{,}5)^2 \left(\frac{1}{2^2} - \frac{1}{m^2}\right); \qquad m = 3, 4, 5, \ldots,$$

usw. Innerhalb der Serien bezeichnet man die Linien mit der fortlaufenden Reihe der kleinen Buchstaben des griechischen Alphabetes, beginnend bei der größten

Wellenlänge. Bei der K-Serie entspricht also der Übergang von der L-Schale in die K-Schale der K_α-Linie, der Übergang von der M-Schale in die K-Schale der K_β-Linie usw.

Die einzelnen Linien sind in Wirklichkeit nicht nur einfache scharfe Linien, sie setzen sich vielmehr wie bei der Lichtemission aus mehreren eng benachbarten Linien

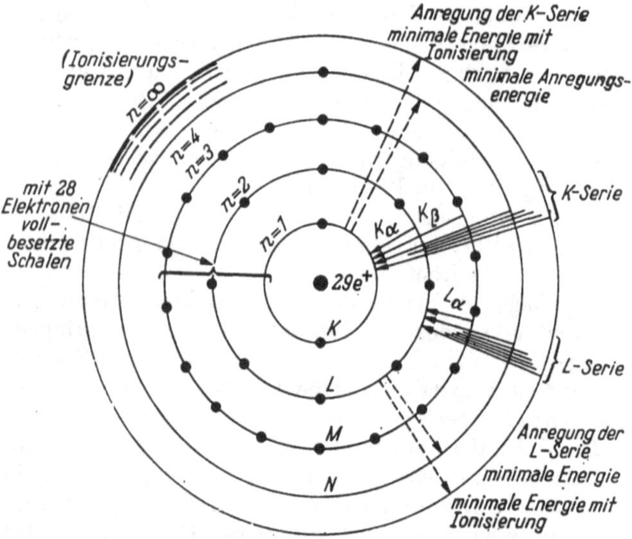

Abb. 42. Elektronenanordnung und Elektronenübergänge zur Emission bzw. Anregung der K- bzw. L-Serie der Röntgenstrahlung bei Kupfer ($Z = 29$)

zusammen. Die Ursache liegt darin, daß auch hier die geringe Verschiedenheit der Energiezustände der Elektronen je nach ihren weiteren Quantenzahlen l, m und m_s zum Ausdruck kommt, entsprechend der Mannigfaltigkeit der Spektrallinien des ultravioletten, sichtbaren oder ultraroten Spektralbereichs.

Es muß bemerkt werden, daß beim Wasserstoffatom, das ja nur *ein* Elektron besitzt, natürlich die entsprechenden Übergänge mit denen der LYMAN-, BALMER-, ...

Serien identisch sind. Die Energien verschieben sich erst bei Elementen höherer Ordnungszahlen in den Bereich der Röntgenstrahlen hinein, und dann erst ist es sinnvoll, zwischen Übergängen der Valenzelektronen zwischen sonst *freien* Energiezuständen in der äußeren Elektronenhülle und den Elektronenübergängen im Bereich der ohne Anregung voll*besetzten* inneren Schalen zu unterscheiden.

Betrachtet man die Abhängigkeit der Wellenlänge z. B. der K_α-Linie als Funktion der Ordnungszahl der Elemente, so erkennt man, daß hier eine monotone Abhängigkeit in der Form $(h\nu)_{K_\alpha} \approx (Z - 1)^2$ bzw. für hohe Ordnungszahlen, wenn 1 neben Z vernachlässigbar wird, in der Form $(h\nu)_{K_\alpha} \approx Z^2$ gegeben ist.

Diese Gesetzmäßigkeit wird nach ihrem Entdecker als das MOSELEYsche Gesetz bezeichnet und ist in Abb. 43 dargestellt, und zwar für die ersten Linien der K-, L- und M-Serien.

Da die spektrale Lage analoger Röntgenlinien eine so eindeutige Funktion der Ordnungszahl ist, nennt man diese Art der Röntgenstrahlung auch die „charakteristische Röntgenstrahlung“ eines Elementes.

Jedes Element kann umgekehrt anhand der charakteristischen Röntgenstrahlung leicht erkannt werden. Die sonst in der Chemie die Erkennbarkeit erschwerende periodische Ähnlichkeit bei aufsteigender Ordnungszahl tritt hier nicht auf.

Die charakteristische Röntgenstrahlung ist ein wichtiges Hilfsmittel der „chemischen“ Identifizierung eines Elementes oder der Analyse eines unbekannten Elementgemisches.

Wird die charakteristische Strahlung speziell durch Röntgenstrahlung angeregt, so spricht man von „Röntgenfluoreszenz“ und bei der entsprechenden analytischen Methode von einer „Röntgenfluoreszenzanalyse“.

Neben der charakteristischen Röntgenstrahlung geht von Materie unter *Elektronenbeschuß* (also z. B. in der Röntgenröhre) auch noch eine andere Art von Röntgenstrahlung aus, die sogenannte „Bremsstrahlung“.

Hier entsteht durch die plötzliche Abbremsung der Elektronen, was einer plötzlichen elektrischen Stromänderung gleichkommt, ein elektromagnetischer „Knall“ mit einem breiten spektralen Kontinuum. Die Abbremsung der Elektronen erfolgt im COULOMB-Feld der Kern-

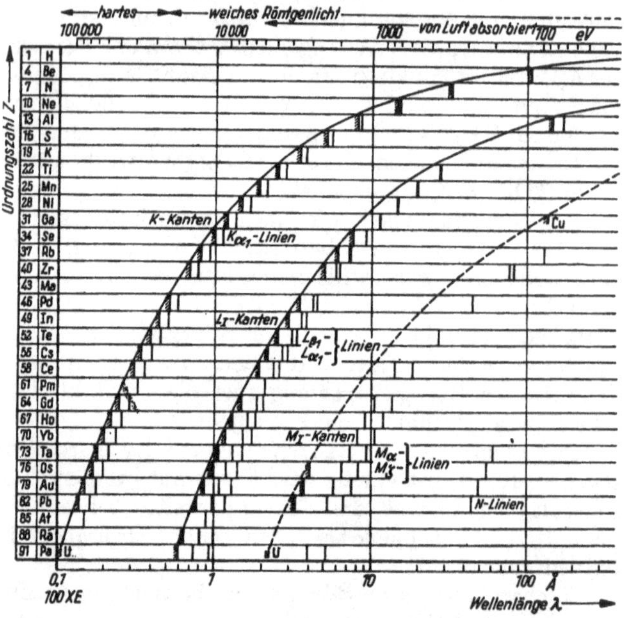

Abb. 43. Spektrale Lage der Röntgenemissionsserien und -absorptionskanten der Elemente

ladung, wenn das relativ hochenergetische Elektron in die Elektronenhülle des Atoms eindringt.

In dünnen Folien erweist sich die spektrale Verteilung der Bremsstrahlung als „weiß“. In Analogie zur Optik meint diese Ausdrucksweise, daß jede Frequenz der Strahlung mit gleicher Intensität auftritt, wie gleiche Intensitäten aller Wellenlängen im sichtbaren Spektralbereich die Farbe weiß ergeben. Jedoch wird auch hier die Quantennatur der atomaren Prozesse darin deutlich, daß dieses „weiße“ Spektrum auf der Seite hoher Frequenzen bei der „Quantengrenze“ $h\nu = E_{\mathrm{kin,max}}$ abbricht, da die höchste Photonenenergie nur der maximalen kinetischen Energie eines Elektrons entsprechen kann (siehe Abb. 44).

Bei dicken, d. h. massiven „Antikatoden“ in Elektronenstrahlgeräten, in denen die aus der Katode austreten-

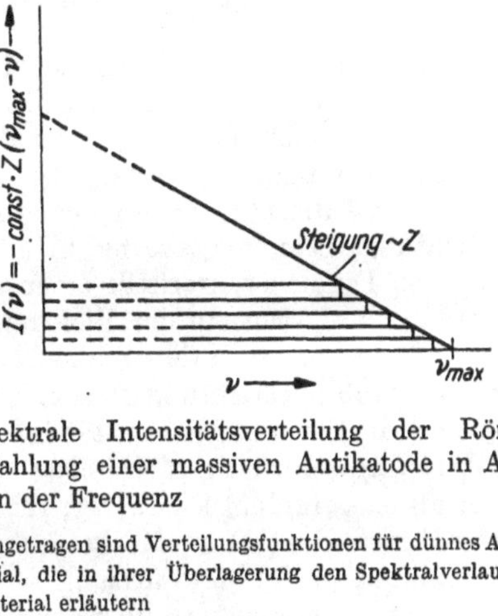

Abb. 44. Spektrale Intensitätsverteilung der Röntgenbremsstrahlung einer massiven Antikatode in Abhängigkeit von der Frequenz

Eingetragen sind Verteilungsfunktionen für dünnes Antikatodenmaterial, die in ihrer Überlagerung den Spektralverlauf für massives Material erläutern

den Elektronen also auf ein *dickes* Material treffen, entspricht die spektrale Verteilung der Bremsstrahlung der Funktion

$$I(\nu) = \mathrm{const} \cdot Z\,(\nu_{\mathrm{max}} - \nu);$$

$h\nu_{\mathrm{max}} = eU$ (U = Beschleunigungsspannung der Elektronen), wie in Abb. 44 dargestellt.

Diese Art der Abhängigkeit kann als die Überlagerung vieler „weißer“ Spektren mit monoton abnehmender Maximalfrequenz gedeutet werden. Durch die Anregung von Plasmaschwingungen im Antikatodenmaterial verlieren nämlich die Elektronen auf ihrem Weg durch das

Material zunächst jeweils kleine Energiebeträge in der Größenordnung einiger eV (mit wachsender Eindringtiefe U. u. mehrmals), ehe die vollständige Abbremsung unter Umwandlung der restlichen Energie in ein Photon erfolgt.

Die Gesamtintensität der ausgesandten Bremsstrahlung entspricht der Fläche unter der Kurve in Abb. 44 und damit der Formel (Dreiecksinhalt!)

$$I_{\text{gesamt}} = \text{const} \cdot Z\,(\nu_{\max})^2 = \text{const} \cdot Z\,U^2.$$

Die Gesamtintensität der abgestrahlten Bremsstrahlung wächst also proportional zu Z (der Ordnungszahl) des Antikatodenmaterials und proportional mit dem Quadrat der Beschleunigungsspannung der Elektronen.

Die ausgestrahlte Intensität hat eine charakteristische räumliche Richtungsverteilung, die bei kleinen Elektronenenergien einer Dipolcharakteristik entspricht, wobei die Dipolachse der Flugrichtung der Elektronen parallel zu denken ist. Bezeichnet man den Winkel zwischen der betrachteten Ausstrahlungsrichtung und der Flugrichtung mit ϑ, so variiert die Strahlungsintensität mit $\cos^2 \vartheta$. Bei höheren Elektronengeschwindigkeiten, etwa $v > (1/3)\,c$, verändert sich die Ausstrahlungscharakteristik durch einen als DOPPLER-Effekt deutbaren Mechanismus in eine stärkere Abstrahlung in Vorwärtsrichtung.

Zu dieser Bremsstrahlung tritt überlagernd noch die charakteristische Strahlung hinzu, wenn die Elektronenenergie zur Anregung der charakteristischen Strahlung ausreicht.

Abb. 45 zeigt ein solches Gesamtspektrum für verschiedene Beschleunigungs- (Röhrenanoden-) Spannungen, aufgetragen über der Wellenlänge. Es ist zu beachten, daß die spektrale Verteilung der Bremsstrahlung hier nur scheinbar verändert erscheint, denn bei der Umtragung über Wellenlängen ist zu berücksichtigen, daß jetzt die Intensität auf ein konstantes Wellenlängenintervall $d\lambda$ bezogen ist, während vorher der Bezug auf ein konstantes Frequenzintervall $d\nu$ gegeben war. Bei der Gleichsetzung von

$$I(\nu)\,\mathrm{d}\nu = I(\lambda)\,\mathrm{d}\lambda$$

erhält man wegen $\lambda\nu = c$ zwischen beiden Intensitätsverteilungen den Zusammenhang

$$I(\nu) = I(\lambda)\,\frac{\mathrm{d}\lambda}{\mathrm{d}\nu} = -I(\lambda)\,\frac{c}{\nu^2},$$

der im Unterschied zwischen Abb. 44 und 45 zum Ausdruck kommt.

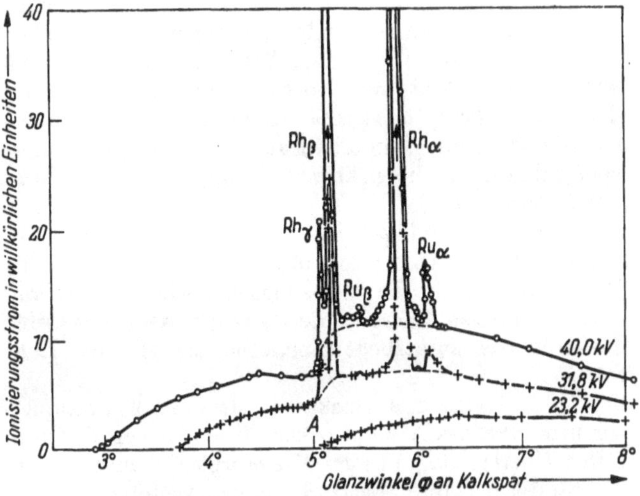

Abb. 45. Charakteristisches und Bremsspektrum

Mit Ru verunreinigte Rh-Antikatode; statt der Wellenlänge ist, praktisch proportional dazu, der Glanzwinkel des Kalkspatspektrometers aufgetragen; der in der Einsattelung links von den Emissionslinien fehlende Teil der Bremsstrahlung ist zur Anregung der Emissionslinien noch in der Antikatode reabsorbiert worden

10.3.2. *Absorption*

Röntgenstrahlung wird in Materie absorbiert, weil die Photonen Elektronen der inneren Schalen auf freie Plätze anheben bzw. aus dem Atom entfernen können.

Die dazu erforderlichen Energien entsprechen, wie bereits ausgeführt, der minimalen Anregungsenergie für die Emission der charakteristischen Röntgenstrahlung eines Atoms. Diese Anregungsenergie entspricht demnach der *kürzesten* Wellenlänge einer Röntgenserie. Kleinere Photonen können keine Wirkung ausüben, werden auch nicht absorbiert, da mit dieser Energie ein Elektron der betreffenden Schale nicht auf einen freien Platz angehoben werden kann (vgl. Abb. 42, S. 200).

Das Absorptionsspektrum setzt demnach, wenn man von großen Wellenlängen ausgeht, mit abnehmender Wellenlänge (= zunehmender Photonenenergie) plötzlich ein, wenn diese minimale Anregungsenergie erreicht wird. Man spricht von einer Absorptionskante. Eine derartige Absorptionskante tritt für jede Röntgenemissionsserie auf. Man erhält also eine Absorptionskante spektral gesehen an der kurzwelligen Grenze der K-Serie, der L-Serie usw.

Auf der kurzwelligen Seite einer jeden Absorptionskante fällt die Absorption mit der dritten Potenz der Wellenlänge, denn die Anregungswahrscheinlichkeit mit einer zu großen Energie, die deswegen dem abgelösten Elektron eine zusätzliche kinetische Energie gibt, sinkt mit λ^3.

Abb. 46 zeigt das Spektrum des Absorptionsquerschnitts bzw. des Absorptionskoeffizienten von Platin in seiner Überlagerung aus der K-Absorptionskante und der L-Absorptionskante. Letztere ist des weiteren noch in die Feinstruktur, entsprechend der energetischen Differenzierung der Elektronen in der L-Schale, aufgelöst.

Eine Röntgenstrahlung wird nach Maßgabe des für ihre Wellenlänge gültigen Absorptionskoeffizienten in Materie exponentiell geschwächt:

$$I = I_0 e^{-Kd}.$$

Der Absorptionsquerschnitt q eines Atoms ist jeweils der vierten Potenz der Ordnungszahl proportional, so daß er sich zwischen zwei Absorptionskanten darstellen läßt in der Form

$$q = \text{const} \cdot Z^4 \lambda^3 .$$

Der Absorptionskoeffizient K ist durch das Produkt aus dem Absorptionsquerschnitt q des Atoms und der Volumendichte N der Atome gegeben: $K = qN$.

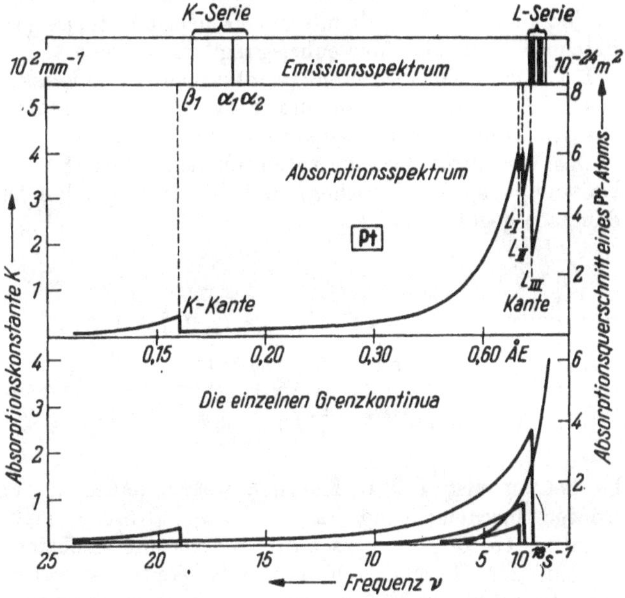

Abb. 46. Röntgenspektrum des Platins in Emission und Absorption

Zur Abschirmung von Röntgenstrahlung ist also *dichte* Materie (feste Körper) aus Elementen *hoher* Ordnungszahl (z. B. Blei mit $Z = 82$) am wirksamsten, wie bereits im Kapitel des Strahlenschutzes ausgeführt.

Es ist üblich, bei der Darstellung der Absorptionsverhältnisse von Röntgenstrahlung statt des Absorptionskoeffizienten den sogenannten Massenschwächungskoeffizienten (K/ϱ) zu verwenden (ϱ = Massendichte).

Das exponentielle Schwächungsgesetz ist dann in der Form

$$I = I_0 e^{-\left(\frac{K}{\varrho}\right)(\varrho d)}$$

zu schreiben. Statt der variierten Dicke d des Absorbers ist jetzt die Größe (ϱd) mit der Dimension (Masse pro Flächeneinheit) als „Massenbelegung" einzusetzen.

Bei einer Element*verbindung* setzt sich der mikroskopische Absorptionsquerschnitt eines Moleküls additiv aus den Atom-Absorptionsquerschnitten zusammen.

Das Verhältnis der Absorptionsquerschnitte z. B. von Kalziumphosphat (Knochen) und Wasser (Gewebe) ist demnach gegeben durch:

	Z
Ca	20
P	15
O	8
H	1

$$\frac{q_{Ca_3(PO_4)_2}}{q_{H_2O}} = \frac{3 \cdot 20^4 + 2 \cdot 15^4 + 8 \cdot 8^4}{2 \cdot 1^4 + 1 \cdot 8^4} \doteq \frac{150}{1}.$$

Es beträgt also 150:1. Knochen werfen daher in der Röntgendurchleuchtung so scharfe (Absorptions-)-Schatten auf den Leuchtschirm, andererseits erscheinen verschiedene Gewebearten und Flüssigkeiten kontrastarm. In günstigen Fällen kann man Flüssigkeiten oder Gewebe mit „Kontrastmitteln" (darin Elemente höherer Ordnungszahl) versetzen, um sie im Röntgenschirmbild besser sichtbar zu machen.

Ein gerichteter Röntgenstrahl wird nicht nur durch Absorption, sondern auch durch Streuung geschwächt. Hinsichtlich der Abschirmwirkung (im gerichteten (!) Strahl) hat man den Absorptionskoeffizienten um einen Streukoeffizienten zu vermehren, und man erhält einen summarischen Extinktionskoeffizienten, der für die Beurteilung der Abschirmwirkung wichtig ist.

Die Streuung der Röntgenstrahlen erfolgt an den Elektronen eines Atoms. Der atomare Wirkungsquerschnitt für die Streuung ist von der Wellenlänge der Röntgenstrahlung unabhängig und proportional zur Ordnungszahl des streuenden Atoms. Deswegen kann man den Quotienten aus Streuwirkungsquerschnitt und Ordnungszahl auch als den Streuwirkungsquerschnitt eines Elektrons bezeichnen. Er hat die Größe von $6{,}57 \cdot 10^{-25}\,\mathrm{cm}^2$. Würde man diesen Querschnitt geometrisch auffassen, so würde sich ein Elektronenradius von $4{,}57 \cdot 10^{-13}$ cm ergeben, ein Wert, der sehr nahe bei dem klassischen Elektronenradius ($2{,}82 \cdot 10^{-13}$ cm) liegt.

Für Aluminium, Silber und Blei seien Werte des Extinktionskoeffizienten (in cm^{-1}) für drei verschiedene Wellenlängen angeführt:

λ (in Å)	^{13}Al	^{47}Ag	^{82}Pb
0,1	0,16	1,4	3,8
0,5	2,0	11	54
1,0	15,3	73	—

Absorbermaterialien kennzeichnet man auch durch ihre Halbwertsdicke δ. Das ist die Dicke, die eine Röntgenstrahlintensität bei gegebener Wellenlänge auf die Hälfte reduziert. Die Halbwertsdicke δ steht über das Absorptionsgesetz natürlich mit dem Massenschwächungskoeffizienten in einem eindeutigen Zusammenhang:

$$\frac{I}{I_0} = \frac{1}{2} = \mathrm{e}^{-\left(\frac{K}{\varrho}\right)\varrho\delta};$$

daraus folgt

$$\delta = \frac{\ln 2}{\left(\frac{K}{\varrho}\right)\varrho}.$$

Die Angabe der Halbwertsdicke hat gegenüber der des Massenschwächungskoeffizienten den Vorteil der erhöhten Anschaulichkeit. Für Aluminium gelten folgende Halbwertsdicken:

λ (in Å)	δ_{Al} (in cm)
0,71	0,05
0,56	0,10
0,30	0,46
0,12	1,44

Es muß darauf hingewiesen werden, daß durch die Kantenstruktur im spektralen Verlauf des Absorptionskoeffizienten in engen Spektralbereichen u. U. das Element der kleineren Ordnungszahl den größeren Absorptionskoeffizienten haben kann.

Die steilen Absorptionskanten des Absorptionskoeffizienten der Elemente werden in der Praxis zur „Monochromatisierung" von (charakteristischer) Röntgenstrahlung benutzt. Regt man z. B. die K-Serie eines Antikatodenmaterials an, so wird stets die ganze Serie emittiert. Häufig will man jedoch nur Röntgenstrahlung *einer* Wellenlänge haben. Man kann die K_α-Linie der K-Serie in eleganter Weise herausfiltern, wenn man die Strahlung durch ein Absorptionsfilter gehen läßt, das aus dem Material des Elementes mit der gegenüber dem Antikatodenmaterial um Eins *kleineren* Ordnungszahl besteht. Das Moseleysche Gesetz gibt sowohl über die Lage der Absorptionskante (vgl. Abb. 43, S. 202) wie auch über die Lage der emittierten Linien Auskunft. Ein Element mit einer um Eins kleineren Ordnungszahl hat (in den meisten Fällen) gerade seine Absorptionskante genau zwischen der K_α- und der K_β-Linie des um Eins in der Ordnungszahl höheren (und emittierenden) Elementes. Auf diese Weise wird die kurzwelligere K_β-Linie absorbiert, während die K_α-Linie relativ wenig geschwächt das Filter passiert.

Nickel der Ordnungszahl 28 filtert z. B. aus der K-Serie des Kupfers ($Z = 29$) die K_α-Linie aus. Oder bei Chrom ($Z = 24$) benutzt man Vanadin ($Z = 23$) als Monochromatisierungsfilter.

11. Anhang

11.1. *Geschichte der Kernphysik*

1896 Entdeckung der Radioaktivität durch BECQUEREL
1898 Darstellung von Polonium und Radium durch PIERRE und MARIE CURIE
1909 Identifizierung des α-Teilchens als Heliumkern durch RUTHERFORD und ROYDS
1909 Quantitative Untersuchung der Streuung von α-Teilchen an Materie durch GEIGER und MARSDEN
1911 Aufstellung des RUTHERFORDschen Atommodells und damit Entdeckung des Atomkerns
1913 MOSELEYsches Gesetz: Die Wellenlängen der charakteristischen Röntgenstrahlung sind eine monotone, eindeutige Funktion der Ordnungszahl der Elemente
1913 Entdeckung von Isotopen an stabilen Elementen durch ASTON und J. J. THOMSON
1919 Erste Kernumwandlung durch RUTHERFORD
1932 Erste Kernumwandlung mit künstlich beschleunigten Teilchen durch COCKCROFT und WALTON
1932 Entdeckung des Neutrons durch CHADWICK
1934 Erste künstliche Erzeugung von radioaktiven Stoffen durch CURIE und JOLIOT, zugleich erste Beobachtung von Positronenstrahlern
1937 Entdeckung der inversen β-Umwandlung durch ALVAREZ
1939 Spaltung schwerster Atomkerne (U-235) mit Hilfe von Neutronen durch HAHN und STRASSMANN
1942 Erster Uranbrenner durch FERMI in Betrieb gesetzt
1945 Erste Atombombe durch die Armee der USA zur Explosion gebracht
1947 Entdeckung der π—μ-Umwandlung an Mesonen durch LATTÉS, MUIRHEAD, OCHIALINI und POWELL
1948 Herstellung künstlicher Mesonen durch GARDENER und LATTÉS
1949 Entdeckung schwerer Mesonen durch POWELL u. Mitarbeiter
1955 Erzeugung von Antinukleonen durch SEGRÉ u. Mitarbeiter

11.2. *Tabelle der chemischen Elemente und wichtiger Nuklide*

Zeichenerläuterung:

a) Die Angabe des „Atomgewichtes“ (= relatives Atommasse) in der zweiten Spalte bezieht sich auf das betreffende Isotop bzw. auf das natürliche Isotopengemisch.[1])

b) Die Kennzeichnung *) verweist auf die letzte Spalte.

c) H = Häufigkeit des Isotops im natürlichen Isotopengemisch.

d) T = Halbwertszeit der betreffenden Strahlungsart (α, β, γ) (in s).

e) σ = totaler Wirkungsquerschnitt für die Reaktion mit thermischen Neutronen (in barn).

Nummer im Periodensystem und Name des Atoms	Symbol und relative Atommasse (auf ^{12}C bezogen)	Ionisierungsarbeit (in eV)	Bindungsenergie der Nukleonen (in MeV)		Bemerkungen
			Gesamtenergie	Energie je Nukleon	
Elektron	e 0,000 549				
Proton	p 1,007 276				
Neutron	n 1,008 665				T = 1013 s
1. Wasserstoff	H 1,007 97	13,6			σ = 38 (Streuung)
	^{1}H 1,007 825				H = 99,985%
Deuteron	^{2}H 2,014 1		2,23	1,12	H = 0,015%
Triton	^{3}H 3,016 05		8,5	2,83	β; T = 12,3a
2. Helium	He 4,002 6	24,6			
	^{3}He 3,016 03		7,7	2,57	$H = 10^{-4}$%
	^{4}He 4,002 604		28,3	7,08	$H \approx 100$%

[1]) Bemerkungen:

a) Für die folgenden Elemente existiert die angegebene Unsicherheit bezüglich des Atomgewichtes infolge der natürlichen Variation der Isotopenzusammensetzung:

H ± 0,000 01	O ± 0,000 1
B ± 0,003	Si ± 0,001
C ± 0,000 05	S ± 0,003

b) Für die folgenden Elemente bestehen die angegebenen Unsicherheiten in den Atomgewichtsangaben infolge experimenteller Ursachen:

Cl ± 0,001	Cu ± 0,001
Cr ± 0,001	Br ± 0,001
Fe ± 0,003	Ag ± 0,001

Nummer im Periodensystem und Name des Atoms	Symbol und relative Atommasse (auf ^{12}C bezogen)	Ionisierungsarbeit (in eV)	Bindungsenergie der Nukleonen (in MeV) Gesamtenergie	Energie je Nukleon	Bemerkungen
3. Lithium	Li 6,939	5,39			
	^{6}Li 6,015		32,0	5,33	H = 7,42%
	^{7}Li 7,016		39,2	5,60	H = 92,58%
4. Beryllium	Be 9,0122	9,32	58,2*)	6,47*)	*) für ^{9}Be
5. Bor	B 10,811	8,3			σ = 755 (Absorpt.)
	^{10}B 10,013		65,0	6,50	H = 19,6%; σ = 4020
	^{11}B 11,009		76,2	6,93	H = 80,4%
6. Kohlenstoff	C 12,01115	11,3	—	—	
	^{12}C 12,00000		92,2	7,70	H = 98,9% Standardatom
	^{13}C 13,003		97,1	7,48	H = 1,1%
	^{14}C 14,003		105,3	7,52	β; T = 5730a
7. Stickstoff	N 14,0067	14,5			
	^{14}N 14,003		104,7	7,48	H = 99,6%
	^{15}N 15,000		115,5	7,73	H = 0,4%
8. Sauerstoff	O 15,9994	13,6			
	^{16}O 15,995		127,6	7,98	H = 99,76%
	^{17}O 16,999		131,8	7,76	H = 0,04%
	^{18}O 17,999		139,8	7,77	H = 0,20%
9. Fluor	F 18,9984	17,4	147,8*)	7,89*)	*) für ^{19}F
10. Neon	Ne 20,183	21,6	160,7*)	8,04*)	*) für ^{20}Ne
11. Natrium	Na 22,9898	5,14	186,6*)	8,11*)	*) für ^{23}Na
12. Magnesium	Mg 24,312	7,64	198,3*)	8,26*)	*) für ^{24}Mg
13. Aluminium	Al 26,9815	5,98	225,0*)	8,33*)	*) für ^{27}Al
14. Silizium	Si 28,086	8,15	236,6*)	8,47*)	*) für ^{28}Si
15. Phosphor	P 30,9738	10,6	263,0*)	8,49*)	*) für ^{31}P
16. Schwefel	S 32,064	10,4			
	^{32}S 31,972		271,8	8,50	H = 95,0%
	^{33}S 32,971		280,5	8,51	H = 0,8%
	^{34}S 33,968		291,9	8,59	H = 4,2%
17. Chlor	Cl 35,453	13,0			σ = 47
	^{35}Cl 34,97		298,3	8,57	H = 75,5%
	^{37}Cl 36,966		317,2	8,56	H = 24,5%
18. Argon	Ar 39,948	15,8	343,8*)	8,59*)	*) für ^{40}Ar
19. Kalium	K 39,102	4,34			
	^{39}K 38,964		333,8	8,56	H = 93,1%
	^{40}K 39,964		341,6	8,54	H = 0,012%; β^-
	^{41}K 40,962		351,7	8,57	H = 6,88%
20. Kalzium	Ca 40,08	6,11	342,1*)	8,55*)	*) für ^{40}Ca

Nummer im Periodensystem und Name des Atoms	Symbol und relative Atommasse (auf ^{12}C bezogen)	Ionisierungsarbeit (in eV)	Bindungsenergie der Nukleonen (in MeV) Gesamtenergie	Energie je Nukleon	Bemerkungen
21. Skandium	Sc 44,956	6,56	388,0*)	8,64*)	*) für ^{45}Sc
22. Titan	Ti 47,90	6,83	418,8*)	8,72*)	*) für ^{48}Ti
23. Vanadium	V 50,942	6,74	446,0*)	8,75*)	*) für ^{51}V
24. Chrom	Cr 51,996	6,76	456,4*)	8,79*)	*) für ^{52}Cr
25. Mangan	Mn 54,938	7,43	482,2*)	8,77*)	*) für ^{55}Mn
26. Eisen	Fe 55,847	7,90	492,3*)	8,79*)	*) für ^{56}Fe
27. Kobalt	Co 58,933	7,86	517,3*)	8,76*)	*) für ^{59}Co
28. Nickel	Ni 58,71	7,63	506,4*)	8,74*)	*) für ^{58}Ni
29. Kupfer	Cu 63,546	7,72	551,5*)	8,76*)	*) für ^{63}Cu
30. Zink	Zn 65,37	9,39	559,2*)	8,74*)	*) für ^{64}Zn
31. Gallium	Ga 69,72	6,00	601,9*)	8,71*)	*) für ^{69}Ga
32. Germanium	Ge 72,59	7,88	645,7*)	8,73*)	*) für ^{74}Ge
33. Arsen	As 74,922	9,81	652,6*)	8,71*)	*) für ^{75}As
34. Selen	Se 78,96	9,75	696,8*)	8,71*)	*) für ^{80}Se
35. Brom	Br 79,904	11,8	686,3*)	8,70*)	*) für ^{79}Br
36. Krypton	Kr 83,80	14,0	732,4*)	8,72*)	*) für ^{84}Kr
37. Rubidium	Rb 85,47	4,18	739,2*)	8,70*)	*) für ^{85}Rb
38. Strontium	Sr 87,62	5,69	768,3*)	8,74*)	*) für ^{88}Sr
39. Yttrium	Y 88,905	6,38	775,6*)	8,72*)	*) für ^{89}Y
40. Zirkonium	Zr 91,22	6,84	784,3*)	8,71*)	*) für ^{90}Zr
41. Niob	Nb 92,906	6,88	806,5*)	8,68*)	*) für ^{93}Nb
42. Molybdän	Mo 95,94	7,13	846,2*)	8,64*)	*) für ^{98}Mo
43. Technetium	Tc (99)	7,23	851,96*)	8,60*)	*) für ^{99}Tc
44. Ruthenium	Ru 101,07	7,36	878,2*)	8,61*)	*) für ^{102}Ru
45. Rhodium	Rh 102,905	7,46	884,4*)	8,58*)	*) für ^{103}Rh
46. Palladium	Pd 106,4	8,33	910,2*)	8,59*)	*) für ^{106}Pd
47. Silber	Ag 107,868	7,57	915,4*)	8,55*)	*) für ^{107}Ag
48. Kadmium	Cd 112,40	8,99	972,6*)	8,53*)	*) für ^{114}Cd;
					σ = 2460
49. Indium	In 114,82	5,79	979,3	8,51	σ = 190
50. Zinn	Sn 118,69	7,33	1020,8*)	8,51*)	*) für ^{120}Sn
51. Antimon	Sb 121,75	8,64	1026,5*)	8,47*)	*) für ^{121}Sb
52. Tellur	Te 127,60	9,01	1095,7*)	8,42*)	*) für ^{130}Te
53. Jod	J 126,9044	10,44	1072,6*)	8,45*)	*) für ^{127}J
54. Xenon	Xe 131,30	12,1	1112,5*)	8,43*)	*) für ^{132}Xe;
					σ = 3 · 10^{6} für ^{135}Xe
55. Zäsium	Cs 132,905	3,89	1119*)	8,40*)	*) für ^{133}Cs
56. Barium	Ba 137,34	5,81	1158,6*)	8,39*)	*) für ^{138}Ba
57. Lanthan	La 138,91	5,61	1165,5*)	8,38*)	*) für ^{139}La
58. Zer	Ce 140,12	6,9	1173,6*)	8,38*)	*) für ^{140}Ce

Nummer im Periodensystem und Name des Atoms	Symbol und relative Atommasse (auf ^{12}C bezogen)	Ionisierungsarbeit (in eV)	Bindungsenergie der Nukleonen (in MeV) Gesamtenergie	Energie je Nukleon	Bemerkungen
59. Praseodym	Pr 140,907	5,8	1179,2*)	8,35*)	*) für ^{141}Pr
60. Neodym	Nd 144,24	6,3	1186,4*)	8,35*)	*) für ^{142}Nd; σ = 62
61. Promethium	Pm 145	–	1219*)	8,28*)	*) für ^{147}Pm
62. Samarium	Sm 150,35	5,6	1253,8*)	8,25*)	*) für ^{152}Sm; σ = 56000 für ^{149}Sm
63. Europium	Eu 151,96	5,7	1264,5*)	8,20*)	*) für ^{154}Eu; σ = 4000
64. Gadolinium	Gd 157,25	6,2	1296,7*)	8,20*)	*) ^{158}Gd; σ = 46000
65. Terbium	Tb 158,924	6,7	1308,*)	8,18*)	*) für ^{160}Tb
66. Dysprosium	Dy 162,5	6,8	1338,8*)	8,15*)	*) für ^{164}Dy; σ = 950
67. Holmium	Ho 164,93	–	1345,8*)	8,15*)	*) für ^{165}Ho
68. Erbium	Er 167,26	–	1367,5*)	8,13*)	*) für ^{168}Er; σ = 173
69. Thulium	Tm 168,93	–			
70. Ytterbium	Yb 173,04	6,22	1419*)	8,15*)	*) für ^{174}Yb
71. Lutetium	Lu 174,97	6,15	1419,5*)	8,06*)	*) für ^{176}Lu
72. Hafnium	Hf 178,49	5,5	1447,9*)	8,04*)	*) für ^{180}Hf
73. Tantal	Ta 180,95	7,7	1454,7*)	8,03*)	*) für ^{181}Ta
74. Wolfram	W 183,85	7,98	1475,8*)	8,01*)	*) für ^{184}W
75. Rhenium	Re 186,2	7,87	1495,7*)	8,00*)	*) für ^{187}Re
76. Osmium	Os 190,2	8,7	1526,1*)	7,95*)	*) für ^{192}Os
77. Iridium	Ir 192,2	9,2	1531,2*)	7,94*)	*) für ^{193}Ir; σ = 440
78. Platin	Pt 195,09	8,96	1546*)	7,93*)	*) für ^{195}Pt
79. Gold	Au 196,967	9,22	1560*)	7,92*)	*) für ^{197}Au
80. Quecksilber	Hg 200,59	10,43	1587,6*)	7,90*)	*) für ^{201}Hg; σ = 400
81. Thallium	Tl 204,37	6,11	1616,1*)	7,88*)	*) für ^{205}Tl
82. Blei	Pb 207,19	7,42			
RaG	^{206}Pb 205,97		1623,4	7,90	H = 23,6%
AcD	^{207}Pb 206,98		1630,1	7,88	H = 22,6%
ThD	^{208}Pb 207,98		1637,5	7,87	H = 52,3%
83. Wismut	Bi 208,98	7,29			
	^{209}Bi 208,98		1641,2	7,86	H = 100%
	^{210}Bi 209,98		1645,9	7,84	α, β^-; $T = 3 \cdot 10^6$ a
84. Polonium	Po (210)		1646,2*)	7,84*)	*) für ^{210}Po
	^{209}Po 208,98		1638,6	7,84	α; T = 103 a
85. Astat	At (211)	9,2	1649,2*)	7,82*)	*) für ^{211}At
	^{210}At 209,99		1641,6	7,83	K-Einfang; T = 8,3 h
86. Radon	Rn 222	10,8	–		
	^{222}Rn 222,02		1709,7	7,71	α; T = 3,85 d

Nummer im Periodensystem und Name des Atoms	Symbol und relative Atommasse (auf ^{12}C bezogen)	Ionisierungsarbeit (in eV)	Bindungsenergie der Nukleonen (in eV) Gesamtenergie	Energie je Nukleon	Bemerkungen
87. Franzium	Fr (223)		1714,4	7,69	α, β; T = 22 min
88. Radium	Ra 226,05	5,28	1732,8	7,67	α; T = 1600 a
89. Aktinium	Ac (227)	6,89	1737,7	7,66	β; T = 22 a
90. Thorium	Th 232,038	—			
	^{232}Th 232,04		1767,6	7,62	α; $T = 1{,}41 \cdot 10^{10}$ a
91. Protaktinium	Pa (231)				σ = 200
	^{231}Pa 231,04		1760,8	7,63	α; $T = 3{,}4 \cdot 10^{4}$ a
92. Uran	U 238,03	4			
AcU	^{235}U 235,04		1784,9	7,60	H = 0,7%; α; $T = 7{,}1 \cdot 10^{8}$ a
UI	^{238}U 238,05		1802,8	7,58	H = 99,3%; α; $T = 4{,}5 \cdot 10^{9}$ a
93. Neptunium	Np (239) (zur Plutoniumherstellung)				α; T = 2,3 d
94. Plutonium	Pu (239 (in Plutoniumbombe)				α; T = 24400 a
95. Amerizium	Am (243) (langlebigstes Isotop)				α; $T = 8 \cdot 10^{3}$ a
96. Curium	Cm (247)				α; $T = 1{,}7 \cdot 10^{7}$ a
97. Berkelium	Bk (247) (langlebigstes Isotop)				α; $T = 10^{4}$ a
98. Californium	Cf (251) (langlebigstes Isotop)				α; T = 800 a
99. Einsteinium	Es (254) (langlebigstes Isotop)				α; T = 480 d
100. Fermium	Fm (253) (langlebigstes Isotop)				K-Einfang, α; T = 5 d
101. Mendelévium	Md (256) (langlebigstes Isotop)				K-Einfang; T = 1,5 h
102. Nobelium	No (253) (langlebigstes Isotop)				α; T = 10 min
103. Lawrencium	Lw (257)				α; T = 8 s
104. Kurtschatowium	Kt (260)				T = 0,3 s
105. ?	? (260), (261)				$T = 10^{-7}$ s

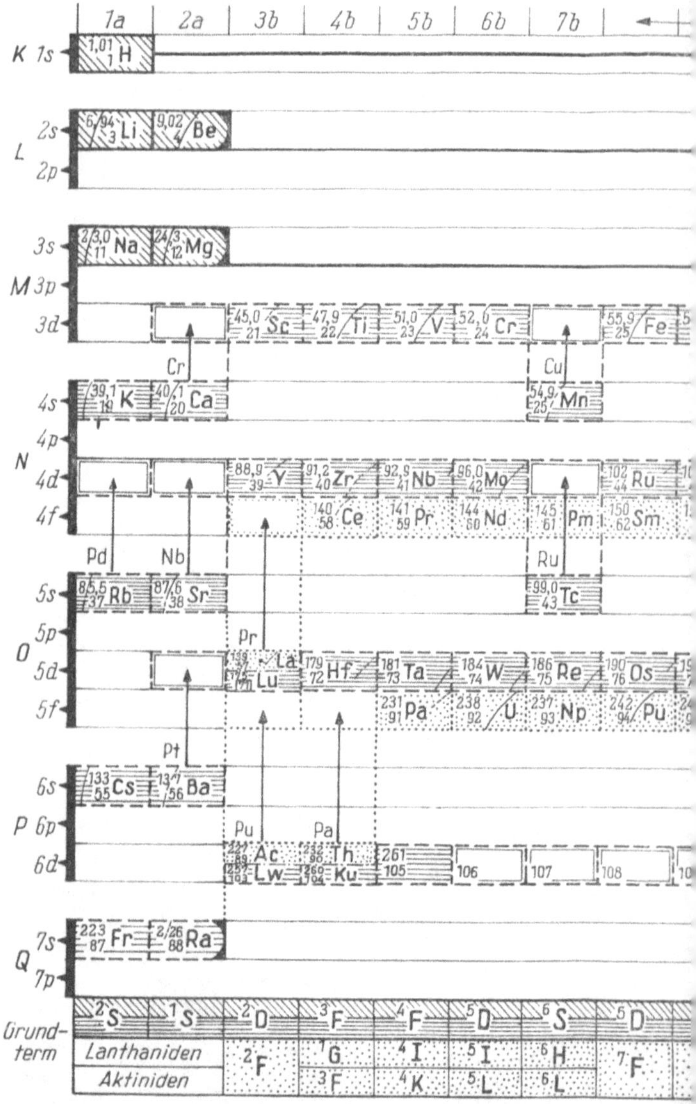
1a
2a
3b
4b
5b
6b
7b
K 1s
L 2s
2p
3s
M 3p
3d
4s
4p
N
4d
4f
5s
5p
O
5d
5f
6s
P 6p
6d
7s
Q
7p
1,01 1 H
6,94 3 Li
9,02 4 Be
23,0 11 Na
24,3 12 Mg
45,0 21 Sc
47,9 22 Ti
51,0 23 V
52,0 24 Cr
55,9 25 Fe
Cr
Cu
39,1 19 K
40,1 20 Ca
54,9 25 Mn
88,9 39 Y
91,2 40 Zr
92,9 41 Nb
96,0 42 Mo
102 44 Ru
140 58 Ce
141 59 Pr
144 60 Nd
145 61 Pm
150 62 Sm
Pd
Nb
Ru
85,5 37 Rb
87,6 38 Sr
99,0 43 Tc
Pr
La
Lu
179 72 Hf
181 73 Ta
184 74 W
186 75 Re
190 76 Os
231 91 Pa
238 92 U
237 93 Np
242 94 Pu
Pt
133 55 Cs
137 56 Ba
Pu
Pa
Ac
Lw
Th
Ku
261 105
106
107
108
223 87 Fr
226 88 Ra
Grund-term
Lanthaniden
Aktiniden

der Elemente

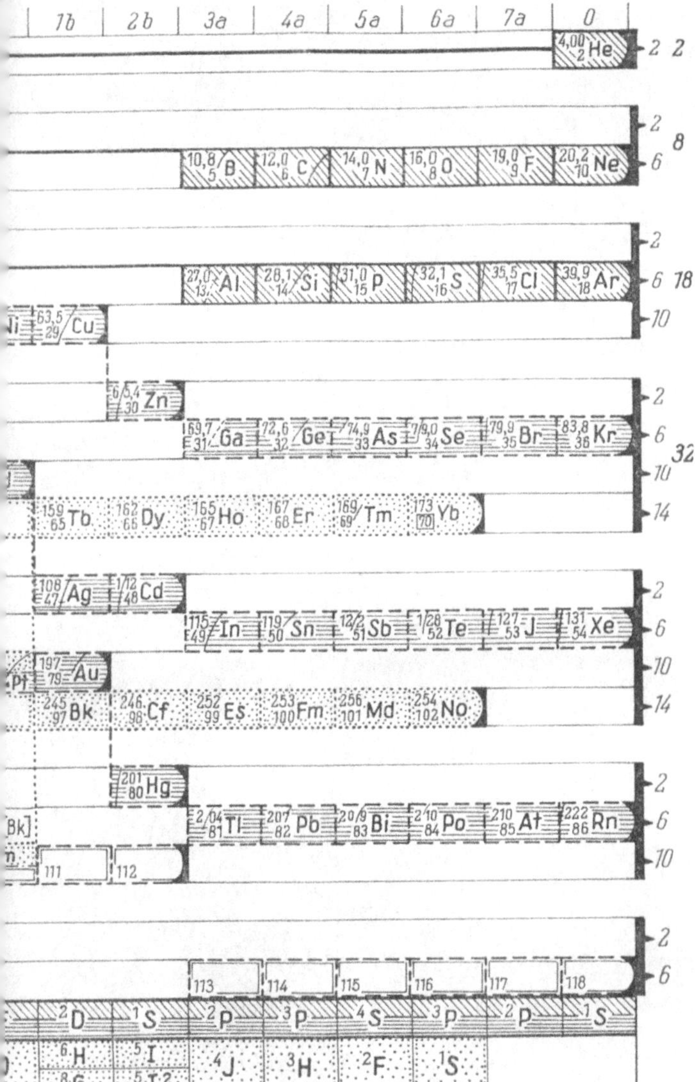

11.4. *Karte der stabilen und radioaktiven Nuklide*

(Nach D. Halliday: Introductory Nuclear Physics. John Wiley & Sons, New York 1950)

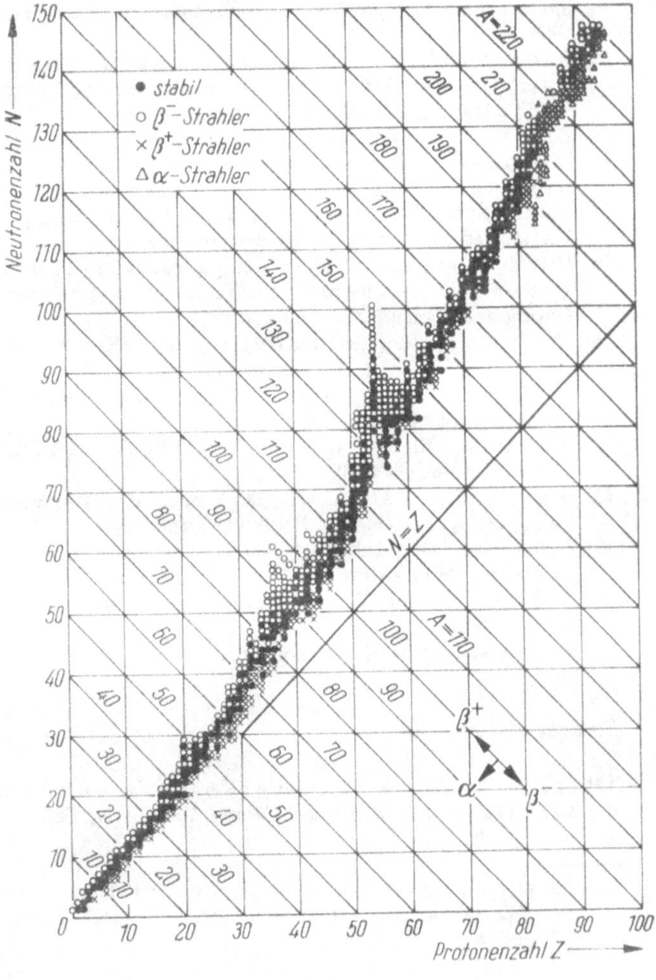

12. *Weiterführende deutschsprachige Lehrbücher zur Kernphysik bzw. Kernenergiegewinnung*[1])

[1] BUTTLAR, H. VON: Einführung in die Grundlagen der Kernphysik. Akademische Verlagsgesellschaft, Frankfurt/Main 1964.

[2] CAHEN, G., und P. TREILLE: Kernenergiekunde für Ingenieure (Übers. aus dem Franz. von: Précis d'énergie nucléaire). VDI-Verlag, Düsseldorf 1960.

[3] ESPE, W., und A. KUHN: Elementare Grundlagen der Kernphysik. Akademische Verlagsgesellschaft Geest & Portig KG., Leipzig 1955.

[4] FINKELNBURG, W.: Einführung in die Atomphysik. Springer-Verlag, Berlin—Göttingen—Heidelberg 1964.

[5] HERTZ, G., ed.: Lehrbuch der Kernphysik, Bd. 1—3. B. G. Teubner Verlagsgesellschaft und Verlag Werner Dansien, Leipzig und Hanau/Main 1960 und 1966.

[6] KUHLMANN, A.: Einführung in die Probleme der Kernreaktorsicherheit. VDI-Verlag, Düsseldorf 1967.

[7] NEUERT, H.: Kernphysikalische Meßverfahren. Verlag G. Braun, Karlsruhe 1966.

[8] RIEZLER, W.: Einführung in die Kernphysik. Verlag R. Oldenbourg, München 1959.

[9] SCHPOLSKI, E. W.: Atomphysik, Bd. 1 und 2. VEB Deutscher Verlag der Wissenschaften, Berlin 1967 und 1968.

[10] JAEGER, TH.: Grundzüge der Strahlenschutztechnik. Springer-Verlag, Berlin—Göttingen—Heidelberg 1960.

[11] GLASSTONE, S., und M. C. EDLUND: Kernreaktortheorie — Eine Einführung (Übers. aus dem Amer.). Springer-Verlag, Berlin—Göttingen—Heidelberg 1961.

Ergänzende Literatur

[12] SUBE, R.: Technik-Wörterbuch Kernphysik und Kerntechnik (Engl., Franz., Deutsch, Russ.). VEB Verlag Technik Berlin 1962.

---

[1]) Allgemeine bibliographische Nachweise durch: Referat Atomkernenergie — Dokumentation beim Gmelin-Institut, Frankfurt/Main.

[13] SEELMANN-EGGEBERT, W., und G. PFENNIG: Radionuklid-Tabelle. Telefunken G. m. b. H., Ulm 1960.
[14] HUGHES, D. J., und R. B. SCHWARTZ: Neutron Cross Sections. Brookhaven National Laboratory, BNL-325, 2. Aufl. 1958.
[15] Symbole, Einheiten und Nomenklatur in der Physik (deutsche Ausgabe von: Symbols, Units and Nomenclature in Physics, Document U. I. P. 11, S. U. N. 65–3). Verlag Friedr. Vieweg & Sohn, Braunschweig 1965.
[16] KOHLRAUSCH, F.: Praktische Physik, 22. Aufl. (Herausgeber G. LAUTZ und R. TAUBERT). Verlag B. G. Teubner, Stuttgart 1968.

Hinweis für genaue Zahlenangaben

Auf S. 17 wurde darauf hingeweisen, daß laut Beschluß der IUPAP ab 1963 ein neuer Satz physikalischer Konstanten für gültig erklärt wurde. Stellt man nach diesem Konzept die *Avogadro*-Konstante N_L mit $6{,}02252 \cdot 10^{23}$ Teilchen je Mol voran, so ergibt sich aufgrund der Beziehung für die Maßzahlen 1 AME (in g) $= 1/N_L$ die atomare Masseneinheit zu

$$1\ \text{AME} = 1\ \text{m}_\text{u} = (1{,}66043 \pm 0{,}00008) \cdot 10^{-27}\ \text{kg}$$

mit einem Energieäquivalent von $(931{,}478 \pm 0{,}005)$ MeV.

Ausgehend von den (ebenfalls festgelegten) wahren Massen, z. B.

Ruhmasse des Elektrons	$0{,}91091 \cdot 10^{-30}$ kg,
Ruhmasse des Neutrons	$1{,}67482 \cdot 10^{-27}$ kg,
Ruhmasse des Protons	$1{,}67252 \cdot 10^{-27}$ kg,
Ruhmasse des leichten Wasserstoffatoms	$1{,}67343 \cdot 10^{-27}$ kg,

verändern sich damit naturgemäß auch die Atomgewichte, d. h. die relativen Atommassen (bezogen auf ^{12}C) geringfügig.

Zur Frage der neuesten Konstanten und Definitionen darf hier auf die Literatur [16] verwiesen werden.

Quellenangaben

Die vorliegenden Ausführungen stützen sich im wesentlichen auf die im Verzeichnis der weiterführenden Lehrbücher angeführten Quellen, was das Zahlen- und Tatsachenmaterial angeht.

Die folgenden Abbildungen sind den angegebenen Büchern entnommen:

Abb. 1, 4, 9, 10, 12, 15 und 16: ESPE-KUHN, Literatur [3].

Abb. 6, 13 und 14: CAHEN-TREILLE, Literatur [2].

Abb. 11, 25, 30, 31, 32, 33, 34, 35, 36, 37 und 38: JAEGER, Literatur [10].

Abb. 17, 18, 19, 20, 21, 22 und 24: FINKELNBURG, Literatur [4].

Abb. 28: W. BRAUNBECK, Kernphysikalische Meßmethoden (Reihe Atomkernenergie Bd. 3). Verlag Karl Thiemig, München 1960.

Abb. 39, 41, 44, 46 und 47: K. H. HELLWEGE, Einführung in die Atomphysik (Reihe Heidelberger Taschenbücher). Springer-Verlag, Berlin—Göttingen—Heidelberg 1964.

Abb. 40: SCHPOLSKI, Bd. 2, Literatur [9].

Abb. 42: J. BRUHN, Physik in Stichworten, Teilbd. 2: Optik und Relativitätstheorie — Atom- und Kernphysik. Verlag F. Hirt, Kiel 1966.

Tab. 2 ist aus den Angaben in SEELMANN-EGGEBERT — PFENNIG, Literatur [13], zusammengestellt.

Tab. 4 und 5 stützen sich auf die Angaben bei JAEGER, Literatur [10].

Tab. 6 stützt sich auf Angaben bei NEUERT, Literatur [7].

Der Anhang 11.2. wurde entnommen: Formeln und Tabellen zur Schulphysik, F. BADER ed., bearbeitet von G. HOFFMANN, W. LEFRANK und F. SAUER. Aulis Verlag Deubner & Co., Köln 1967. Die Zahlenwerte für die Atomgewichte wurden anhand der jüngsten Publikation der IUPAP (Comptes rendus XXIII Conference, Paris 2 to 9 July, 1965, S. 175 und 176) korrigiert und hinsichtlich der Elemente 104 und 105 ergänzt.

Der Anhang 11.3., Periodensystem der Elemente — nach Dr. F. R. KESSLER, wurde mit freundlicher Genehmigung der Fa. Leybold-Heraeus, Köln, reproduziert.

Der Anhang 11.4., Karte der stabilen und radioaktiven Nuklide, ist entnommen: J. FASSBENDER, Einführung in die Reaktorphysik (Thiemig-Taschenbücher Bd. 12). Verlag Karl Thiemig, München 1967.

Sach- und Namenverzeichnis

Ausgehend von kernphysikalischen Grundlagen des Kernaufbaus

- gelangt der Autor über die Energiebilanz bei der Spaltung unmittelbar zum prinzipiellen Aufbau des Kernreaktors und zu den Problemen seiner Leistungssteuerung

- geht der Autor auf die Fragen der Kernfusion und des Brutreaktors ein

- werden die für die Energiegewinnung wichtigsten Folgeerscheinungen, wie Radioaktivität, Kernreaktionen, Kernstrahlung, Strahlungsmessung und Strahlenschutz besprochen

- rundet der Autor durch die Darstellung der zunächst vorausgesetzten wichtigsten Erscheinungen aus der Atomphysik das Bild ab

FSC
www.fsc.org
MIX
Papier | Fördert
gute Waldnutzung
FSC® C083411

Zeitfracht Medien GmbH
Ferdinand-Jühlke-Straße 7
99095 Erfurt, Deutschland
produktsicherheit@kolibri360.de